徹底解説

GX時代の電力政策

～続・電気事業のいま～

森・濱田松本法律事務所
弁護士　市村　拓斗

本書は、２０２１年６月に発刊した
『電力事業のいま Ovrview 2021』を大幅に増補したものです。

【目次】

第5章　カーボンニュートラルに向けて

略語一覧

【組織・機関の略語】

監視等委員会　電力・ガス取引監視等委員会

広域機関　電力広域的運営推進機関

ＪＥＰＸ　一般社団法人日本卸電力取引所

【審議会の略語】

電力システム改革専門委員会　総合資源エネルギー調査会総合部会電力システム改革専門委員会

電力・ガス基本政策小委員会　総合資源エネルギー調査会電力・ガス事業分科会電力・ガス基本政策小委員会

制度検討作業部会　総合資源エネルギー調査会電力・ガス事業分科会電力・ガス基本政策小委員会制度検討作業部会

同時市場等勉強会　卸電力市場、需給調整市場及び需給運用の在り方勉強会

同時市場等実務作業部会　あるべき卸電力市場、需給調整市場及び需給運用の実現に向けた実務検討作業部会

【報告書の略語】

制度検討作業部会中間とりまとめ　電力・ガス基本政策小委員会制度検討作業部会中間とりまとめ（平成30年7月、制度検討作業部会）

経過措置料金に関するとりまとめ　電気の経過措置料金に関する専門会合とりまとめ（平成31年4月23日、監視等委員会電気の経過措置料金に関する専門会合）

【ガイドラインの略語】

小売営業ＧＬ　電力の小売営業に関する指針（平成28年1月制定、令和5年4月1日最終改定、経済産業省）

適取ＧＬ　適正な電力取引についての指針（令和3年3月30日、令和6年1月12日最終改定、公正取引委員会・経済産業省）

費用負担ＧＬ　発電設備の設置に伴う電力系統の増強及び事業者の費用負担等の在り方に

関する指針（令和5年4月1日、資源エネルギー庁電力・ガス事業部）

系統情報公表GL　系統情報の公表の考え方（令和5年4月最終改定、資源エネルギー庁電力・ガス事業部）

燃料GL　需給ひっ迫を予防するための発電用燃料に係るガイドライン（2021年10月25日作成、2022年12月27日改定、資源エネルギー庁）

【法律の略語】

電気事業法　電気事業法（昭和39年法律第170号、その後の改正を含む）

再エネ特措法　再生可能エネルギー電気の利用の促進に関する特別措置法（平成23年法律第108号、その後の改正を含む）

国家行政組織法　国家行政組織法（昭和23年法律第120号、その後の改正を含む）

消費者契約法　消費者契約法（平成12年法律第61号、その後の改正を含む）

特商法　特定商取引に関する法律（昭和51年法律第57号、その後の改正を含む）

景表法　不当景品類及び不当表示防止法（昭和37年法律第134号、その後の改正を含む）

個人情報保護法　個人情報の保護に関する法律（平成15年法律第57号、その後の改正を含む）

不正競争防止法　不正競争防止法（平成5年法律第47号、その後の改正を含む）

独占禁止法　私的独占の禁止及び公正取引の確保に関する法律（昭和22年法律第54号、その後の改正を含む）

下請法　下請代金支払遅延等防止法（昭和31年法律第120号、その後の改正を含む）

エネルギー供給構造高度化法　エネルギー供給事業者によるエネルギー源の環境適合利用及び化石エネルギー原料の有効な利用の促進に関する法律（平成21年法律第72号、その後の改正を含む）

温対法　地球温暖化対策の推進に関する法律（平成10年法律第117号、その後の改正を含む）

商品先物取引法　商品先物取引法（昭和25年法律第239号、その後の改正を含む）

金融商品取引法　金融商品取引法（昭和23年法律第25号、その後の改正を含む）

計量法　計量法（平成4年法律第51号、その後の改正を含む）

エネルギー供給強靭化法　強靱かつ持続可能な電気供給体制の確立を図るための電気事業

法等の一部を改正する法律（令和2年法律第49号）

再エネ海域利用法　海洋再生可能エネルギー発電設備の整備に係る海域の利用の促進に関する法律（平成30年法律第89号、その後の改正を含む）

港湾法　港湾法（昭和25年法律第２１８号、その後の改正を含む）

省エネ法等の一部を改正する法律　安定的なエネルギー需給構造の確立を図るためのエネルギーの使用の合理化等に関する法律等の一部を改正する法律（令和4年法律第46号）

GX推進法　脱炭素成長型経済構造への円滑な移行の推進に関する法律（令和5年法律第32号）

GX脱炭素電源法　脱炭素社会の実現に向けた電気供給体制の確立を図るための電気事業法等の一部を改正する法律（令和5年法律第44号）

序章　電気事業に好循環を

～筆者に聞く

電気は、生活や産業基盤、社会インフラの維持に欠かせない財であり、その供給のあり方は時代とともに変化してきました。2011年の東日本大震災、2022年のロシアによるウクライナ侵攻などは電力市場に大きな影響を与え、制度のあり方を見直す起点になりました。また、2050年カーボンニュートラルやGX（グリーントランスフォーメーション）に向けて、この先は電力の供給・需要双方で脱炭素を進めていくことが求められます。電気事業が直面している課題を踏まえつつ、今後の方向性などについて、市村拓斗弁護士に語っていただきました。

（構成・電気新聞）

■「電力システム改革」の3つの政策目的

2011年3月に起きた東日本大震災と東京電力福島第一原子力発電所の事故は、電気事業のあり方を一変させる出来事でした。

震災後の2013年、政府は「電力システム改革に関する基本方針」（以下、改革方針）を閣議決定し、3段階に分けて抜本的な改革を進めました。第1段階は広域機関の設置（2015年）、第2段階は電力小売市場の全面自由化（2016年）、そして第3段階は

送配電部門の法的分離（2020年）です。

改革方針では3つの政策目的が掲げられました。①安定供給を確保する②電気料金を最大限抑制する③需要家の選択肢や事業者の事業機会を拡大する――ということです。

■直面した課題

では、閣議決定から10年余が経った今、当時掲げた政策目的が果たされているかと言えば、想定していなかった課題に直面したのも事実です。

顕在化した課題の中で最も顕著な例は、電源の退出が想定より速いペースで進んだ半面、新規の電源の建設がほとんど進まなかったことでしょう。発電事業は届け出制であり、規制分野である送配電事業とは異なります。電源の維持費の回収が見込めなければ、電源の退出が進むことになります。また、発電所の建設には巨額の費用が必要であり、その資金の回収に予見性がなければ投資が進まないのは当然です。

こうした課題に対応するため、政府は「容量市場」や脱炭素電源の新設のための「長期脱炭素電源オークション」、10万kW以上の電源の退出にあたっての事前届け出制や「予備電源制度」といった仕組みを順次整えていきました。

2021年頃からの天然ガス価格高騰、2022年のロシアによるウクライナ侵攻が主な要因となり、電気料金の高騰にも直面しました。ただし、資源燃料の大宗を輸入に頼る日本にとって、電気料金高騰は外的要因の側面が強いため、電力システム改革にその原因を求めるのは正しい指摘とは言えないでしょう。加えて、日本のプレーヤーは長期契約による燃料調達が多かったため、急騰したLNGスポット価格の影響をあまり受けず、諸外国と比べて電気料金の上昇幅は小さかった点も押さえておく必要があります。

燃料価格の高騰による電気料金の上昇を抑えるためには、長期契約による燃料調達を今後も一定程度維持していくための措置も、この先重要になってきます。発電設備の投資と同様、予見性が乏しければ長期契約を結ぶインセンティブが働きにくくなるため、発電事業者と小売電気事業者との間の長期相対取引が進む環境づくりなど、発電事業者による燃料消費の予見性を高めることにつながる環境づくりが大切になるでしょう。

改革のゆがみばかりではなく、プラスの面として作用したこともあります。２０２０～２０２１年の冬場、燃料不足による需給逼迫に陥りましたが、広域機関による融通がきちんと機能し、停電の危機を回避できました。

電力ビジネスに様々なプレーヤーが参入してきたことも改革の成果でしょう。まだ成長の途上ではありますが、デマンドリスポンス（ＤＲ）や、分散エネルギーリソースを束ねるアグリゲーションビジネスといった様々な取り組みが出てきています。

■中長期的視点への回帰

電力小売全面自由化の初期は、「新電力のシェア」に政策の比重が置かれていた印象があります。２０１３年から開始されているスポット市場への限界費用入札をはじめ、「グロス・ビディング」などスポット市場を中心として新電力がアクセスできる電源をいかに増やすか、という視点に立った制度設計・市場設計であり、目線が短期に振れすぎていた点は否めません。

しかし、スポット市場価格の高騰により、小売電気事業者にとってもスポット市場に依存するのではなく、中長期契約も含めた電源調達のポートフォリオを組む重要性が認識されることになりました。加えて、ロシアのウクライナ侵攻は、日本が置かれている実情を突き付けました。私は当時、経済産業省・資源エネルギー庁に出向し、政策当局側に身を置いていましたが、エネルギーセキュリティや電気料金の安定化の観点から、燃料の長期契約の重要性を再認識する機会になりました。実際、電力市場の競争政策についての認識も、短期的な視点から中長期的な視点に変わりつつあり、健全な方向へ向かっていると感じています。

■本来の趣旨を見失わずに

電気事業のあり方は、諸外国も悩みながら模索しています。「これが正解」というものは今のところ見当たりませんし、今後もそのような「正解」が見つかることはないでしょう。制度が頻繁に変更されることは決して良くはありませんが、社会情勢や国際情勢が大きく変化する中、生じる課題にいかに対応するかが重要であり、不断の見直しは避けて通れないと考えています。

その際注意しなければならない点は、制度が複雑になるにつれ、全体感を見失い、本来の目的から外れてしまうことです。その時に求められるのは、本来の制度の趣旨に立ち返ること、その軸をずらさないことではないでしょうか。

■GX、安定供給、競争のバランスの取れた実現に向けて

２０２３年２月、政府は「GX実現に向けた基本方針」（以下、GX基本方針）を閣議決定しました。２０５０年カーボンニュートラルに向けた絵姿を、中長期的な視点で示したことは重要です。

GX基本方針では、原子力発電の運転期間延長、再生可能エネルギーのさらなる導入のための電力系統増強、成長志向型カーボンプライシング（排出量取引、化石燃料に対する賦課金）などが盛り込まれ、詳細な制度づくりが進められていきます。大事な点は、それぞれの政策同士が無視できない関係にあることです。ばらばらに制度づくりを進めてしま

う不整合が生じ、民間事業者にとって予見性を欠いた仕組みになってしまいます。

「長期脱炭素電源オークション」など電源の投資環境はある程度整備されてきましたが、2050年を見通して「どのような電源を、どの時間軸で、どの程度のボリュームで持っておくか」という、国としての「電源のマスタープラン」のようなものも必要だと考えています。発電事業は、自由化部門ではありますが、電源の建設には巨額の資金と期間がかかることから、計画的に進めていくことが必要であり、国がマスタープランを示し、それを踏まえて必要な制度環境を整備することが重要です。そのためには、今後の電力需要をどのように見通すかという点がまず重要になってきます。

■カーボンニュートラル・GX時代の電気の価値

電気にはもともと、人々の生活、産業の発展、社会インフラを支えるという高い価値があると考えています。2050年カーボンニュートラルやGXの実現に向けては、電化の促進が欠かせず、より一層電気事業の重要性が増すことでしょう。

こうした中で、電気は、社会インフラという従来の価値に加えて、脱炭素・CO_2フリーの価値といった付加価値に高い価値がつく時代になってきたといえます。

東日本大震災以降、厳しい事業環境下におかれている電気事業者ですが、こういった価値に対して、適切な対価が支払われ、それが電気事業を支える幅広い人々に還元される構図をつくることが、電気事業が魅力ある永続的な事業として成り立つために不可欠であり、日本の成長戦略を支える不可欠な基盤であると考えています。そうした好循環が生み出される制度・事業環境を整備していくことが重要と考えています。

私自身も微力ながら、そのためにできることに力を尽くしていきたいと思っています。

第1章　制度改革のこれまでとこれから

1951年の9電力体制以後、長らく高度経済成長を支えてきた垂直一貫体制と総括原価方式の電気事業制度は、東日本大震災前にも4段階に分けた改革が行われてきました。その後、東日本大震災を契機として現在の制度に直接つながる電力システム改革（以下「電力システム改革」）により、3段階にわたって改正が行われました。その後も、北海道胆振東部地震をはじめとする災害の激甚化を受けて、2020年にエネルギー供給強靭化法が成立しました。2023年2月には「GX基本方針」が策定され、それを受けて、原子力の運転期間の延長や成長志向型カーボンプライシングに関する枠組みの整備が進められています。

2023年12月からは、電力・ガス基本政策小委員会において、電力システム改革の第3段階改正の施行（2020年4月）から5年までに実施する電力システム改革の検証が開始されています。

電力分野は、電力システム改革後も様々な対応すべき制度的、政策的課題を受けて不断の改正が行われており、今後もこの流れは変わることはないでしょう。

１　電力システム改革の始まり

ポイント
- 電気料金の低減を目的に競争原理を導入
- 電力システム改革では、３段階に分けて法案を提出・成立
- 需要家の選択肢の拡大も目的に

東日本大震災を契機に電力システム改革が行われていますが、それ以前も段階的に改革が進められてきました。電力システム改革前の電気事業分野における改革は、大きく分けて、次のとおり、４つの段階に分けることができます。

・第一次改革（1995年電気事業法改正）

１９５１年の９電力体制以後、高度経済成長を支えてきた垂直一貫体制と総括原価方式ですが、安定成長期に入りグローバル化が進むと、諸外国と比較して電力の高コスト構造

が指摘されるようになりました。当時は、レーガノミクスやサッチャリズムの動きなどにより民営化が諸外国でも進められ、日本においても国鉄や日本電信電話公社の民営化といった改革が進められていました。そのような社会情勢の中で、電気事業に対する規制改革の重要性も指摘されるようになりました。

この波を受けて電気事業法が1995年、31年ぶりに改正されたのが、第一次改革となります。

この電気事業法改正により、卸電気事業分野における参入許可が原則として撤廃されました。すなわち、東京電力（当時）や関西電力などの一般電気事業者が行う卸電力入札に応募し、落札することにより、一般電気事業者や卸電気事業者（Jパワー〈電源開発〉、日本原子力発電）以外の独立系の発電事業者（IPP）の参入が認められることになりました。また、いわゆるミニ一般電気事業者といわれ、特定の区域で安定供給の責任を負う「特定電気事業者」が創設され、六本木ヒルズに電気と熱を供給する六本木エネルギーサービスなどの参入が進みました。

この改革は、比較的一定の資本力のあるプレーヤーの参入を想定していたといえます。

・第二次改革（１９９９年電気事業法改正）

１９９９年の電気事業法改正により、２０００年には大規模工場等の特別高圧（２０００ｋＷ以上）の需要家を対象とした部分自由化が行われ、これにより特定規模以上（２０００ｋＷ以上）の需要家に電気を供給する事業として「特定規模電気事業」が電気事業の類型に追加されました。併せて、自由化に伴い特定規模電気事業者が一般電気事業者の送配電線を利用することを可能とすべく、「託送制度」が新たに創設されました。

・第三次改革（２００３年電気事業法改正）

２００３年の電気事業法改正により、２００４年には中小ビルや中規模工場等の高圧需要家のうち５００ｋＷ以上の需要家を、２００５年には小規模工場等も含めたすべての高圧（50ｋＷ以上）の需要家を対象とした電力小売りの部分自由化が実施されました。

このような自由化分野の拡大に伴い、一般電気事業者の送配電部門の中立性を確保する要請が高まり、差別的取り扱いの禁止といった行為規制（第1章4背景参照）や送配電等業務の支援機関として電力系統利用協議会（ＥＳＣＪ）が設立されました。また、電力の調達環境を整備する観点から、ＪＥＰＸが２００３年に設立されました。当初は、スポット市場（翌日に発電する電気を取引する市場）と先渡市場（将来の一定期間に受け渡す電気を取引する市場）の2つの市場が開設されました。

・第四次改革（2008年）

電気事業法の改正は行われませんでしたが、時間前市場（スポット市場の閉場後における需給変動に対応するための市場。当時は実需給の4時間前まで）の創設や、同時同量制度やインバランス料金制度の見直しなどが行われ、競争環境が整備されました。

・電力システム改革

2011年3月の東日本大震災を契機として、電力システム改革専門委員会において、電力システムのあるべき姿の議論が行われ、2013年2月に報告書が取りまとめられました。この報告書を踏まえて、2013年4月2日に電力システムに関する改革方針が閣議決定され、その後3回に分けて国会において電気事業法の改正法案が審議され、それぞれ成立しました。電力システム改革の概要については、**表1－1**をご覧ください。

電力システム改革の目的としては、「安定供給の確保」、「電気料金の最大限の抑制」、

表１―１　電力システム改革の概要

	成立時期	施行時期	概　要
第１段階	2013年11月13日	2015年4月1日	広域機関の創設（改革プログラムも併せて規定）
第２段階	2014年6月11日	2016年4月1日	小売全面自由化の実施
第３段階	2015年6月17日	2020年4月1日	法的分離の実施

「需要家の選択肢や事業者の事業機会の拡大」の３つが挙げられています。

２～４において、各段階における改正の具体的な背景や概要等を解説します。

２　電力広域的運営推進機関

ポイント
・電力システム改革の第１段階
・広域的な電力融通が目的
・小売全面自由化、エネルギー供給強靭化法の成立により権限拡大

背景

２０１１年３月の東日本大震災の際、東京電力の供給区域で

は、計画停電が行われ、国民生活に大きな影響を与えました。この計画停電は、他の一般電気事業者の供給区域における余剰電力を効率的に融通することができず、東京電力の供給区域で不足する電力の手当てができなかったことにより発生したものです。この効率的な融通ができなかった原因としては、「電力系統の運用が旧一般電気事業者の供給区域単位で行われていたこと」、「広域的な電力融通を前提とした設備形成がなされていなかったこと（東西の周波数変換設備や旧一般電気事業者間の地域間連系線容量に制約があること）等」が挙げられています。

東日本大震災の時点でも、送配電設備の利用における公平性・中立性・透明性の確保を目的として、送配電等業務の支援機関であるＥＳＣＪが存在していましたが、広域的な電力の融通という観点からは、ＥＳＣＪが有効に機能していたとはいえませんでした。

このように、全国規模での最適な電力需給構造を構築する視点に乏しかった電力供給システムを見直し、供給区域を越えた電源の効率的な活用や緊急時における電力融通を柔軟に行うことができる環境を整備することが必要とされていました。

概要

２０１５年４月、地域間連系線等の増強の推進や需給逼迫時における地域間の需給調整等を通じ、全国大での広域的な送電ネットワーク（系統）の整備・運用を行う組織として広域機関が創設されました（※）。これは、電力システム改革の第１段階の改正法に基づき設立されたものです。

広域機関が実施している主な業務としては、次のようなものが挙げられます。

①安定供給の確保に必要な計画の取りまとめ／計画策定・制度設計・市場運営
・供給計画の取りまとめ（需給バランスの一元的な把握・評価）、広域系統の長期方針や整備計画の策定
・容量市場の詳細設計および運営、需給調整市場の詳細設計

②送配電設備の公平・公正かつ効率的利用の推進
・送配電等業務指針（送配電の利用に関する基本ルール）等の策定
・地域間連系線利用ルールの策定（間接オークションの導入）
・系統アクセス検討業務（実施・検証等）、系統情報の公開
・日本版コネクト＆マネージ（ノンファーム型接続等）の詳細検討

③全国の需給状況や系統の運用状況の監視
・各供給区域の一般送配電事業者による需給バランス・周波数調整に関し、広域的な運用の調整を実施。需給逼迫時における電源の焚き増しや電力融通の指示
④その他（スイッチング支援システムの運用、送配電等業務に関する紛争処理）
また、エネルギー供給強靭化法により、新たに次の業務を順次実施しています。併せて、広域機関債の発行権限や広域機関の借り入れ等に対する政府保証などの規定が整備されています。
・災害対応関連（一般送配電事業者作成の災害時連携計画の内容の確認／災害復旧費用の相互扶助制度の運用）
・広域系統整備関連（広域系統整備計画（広域連系系統のマスタープラン）の策定および同計画に位置づけられた地域間連系線等整備費用の一部への再エネ賦課金方式の交付金等の交付）
・FIT／FIP制度関連（FIT制度に関する交付金およびFIP制度に関するプレミアムの交付、太陽光パネル等の廃棄費用の積立金の管理）
（※）ESCJは、広域機関の創設によりその役割を終え、2015年3月に解散しています。

今後

電力システムにおいて広域機関が果たす役割は、設立当初想定されていたものよりも格段に大きくなっているといえます。こうした状況を踏まえ、２０２０年10月に電力・ガス基本政策小委員会の下に設置された、「電力広域的運営推進機関検証ワーキンググループ」において、今後、広域機関の機能強化を図る観点から、「ガバナンスの強化」、「透明性の向上」、「情報分析・発信機能の強化」を進めていくことが示され、それを受けて広域機関が具体的なアクションプランを策定し、定期的にそのフォローアップが行われているところです。

広域機関は、新たな予備電源制度（第2章4参照）の運営主体となることが予定されています。また、２０２３年11月より将来の需給シナリオの検討（第2章１（３）参照）を、２０２３年7月より資源エネルギー庁と共同事務局となり、同時市場（第3章6参照）の検討を開始しています。今後、広域機関が果たす役割はより一層重要になるといえます。

深掘り スイッチング支援システム

小売全面自由化の下では、競争活性化の観点から、電力の供給者を円滑に切り替えられることが極めて重要となります。その観点から、広域機関の下に設けられたのが、スイッチング支援システムです。

スイッチング支援システムにおいては、円滑な切り替えを進めることが特に重要な「低圧需要家」、「契約電力が500kW未満の高圧需要家」、「低圧FIT電源の発電設備設置者」、「卒FIT電源の発電設備設置者」が対象となっています。

そして、スイッチング支援システムの中でも電力の供給者等の切り替えを直接行うのが、「スイッチング廃止取次」です。このポイントは、切り替えをしたいと思った場合に、需要家が供給を受けている小売電気事業者に直接解約を申し出る必要がない仕組みとなっている点にあります。

すなわち、小売供給契約の切り替えを例にすると、新たな小売電気事業者（以下「新小売電気事業者」）と小売供給契約を締結するためには、現に供給を受けている小売電気事業者（以下「旧小売電気事業者」）との間の小売供給契約を解約することが必要となります。この解約の申し出を需要家から委任を受けた新小売電気事業者が需要家に代わってシステムを通じて行う仕組みがスイッチング廃止取次となります。

スイッチング廃止取次においては、まず、新小売電気事業者は、本人確認に必要な情報をシステムに登録します（送配電等業務指針第２６０条第２項）。旧小売電気事業者は、平日の営業時間内において、１時間に１回以上、システムトラブルがない限りは、新小売電気事業者からの廃止取次の申し込みの有無を確認することとされており（送配電等業務指針第２６０条第３項）、本人確認情報の一致が確認できた場合、特別の事情がない限りは、速やかにスイッチング廃止取次を可とする旨の回答をすることが求められています（送配電等業務指針第２６０条第４項）。

これにより、円滑なスイッチングが可能となるのです。

3　小売全面自由化

ポイント
・電力システム改革の第2段階
・需要家保護が重要、セーフティネットの存在
・カルテル事案の発生も

背景

小売部門の全面自由化は、電力システム改革に先立つ電気事業分野の第三次改革（2003年電気事業法改正）において、将来的な検討課題とされました。続く第四次改革（2008年）においても全面自由化は見送られ、5年後の2013年をめどに範囲拡大の是非について改めて検討することとされました。前記のとおり、東日本大震災を契機に電力システム改革専門委員会で議論が行われ、電気事業法の改正を経て、2016年4月から小売全面自由化が開始されました。

概要

第2段階の改正法により措置された小売全面自由化は、従来の高圧・特別高圧の分野に加えて、日本全体の消費電力量の4割を占める家庭等の低圧分野への電気の供給を自由化することがその内容となっています。小売全面自由化により新たに開放された市場の規模は、約8兆円ともいわれています。

(1) 需要家保護のために小売電気事業者等に課される規制

低圧分野は家庭等が対象となるため、需要家の保護がより一層重要となります。そのため、小売電気事業者に対しては、次の需要家保護のための規制が課されています。

①供給条件の説明義務（第2条の13第1項）
②説明時・契約締結後書面交付義務（第2条の13第2項、第2条の14第1項）
③苦情等処理義務（第2条の15）
④名義貸しの禁止（第2条の16）
⑤事業休廃止時の周知義務の措置（第2条の8第3項）

それでは、小売全面自由化により、なぜ需要家保護の観点から小売電気事業者等に対して供給条件の説明や書面交付（①および②）の義務が課されることが必要となったのでしょうか。それは、小売全面自由化前は、国（経済産業大臣）が供給約款の認可という方法により、料金をはじめとする供給条件の妥当性・適切性を確認していたのですが、小売全面自由化により、小売電気事業者は自由に料金メニューを作ることが認められたため、需要家にとっては、多様な事業者による多様なメニューをきちんと理解することが小売供給契約を締結する前提として不可欠となったためです。なお、需要家自らが供給を受ける電力の供給条件について十分理解したうえで小売供給契約を締結することの重要性は、個人であっても法人であっても変わらないため、小売全面自由化に際し、個人・法人問わず説明義務・書面交付義務が課されています。

なお、2024年度からは、需要家保護を強化する観点から、説明義務・書面交付義務に関する電気事業法施行規則・小売営業GLの改正が予定されています。具体的には、燃料費調整や市場価格連動に関して、その算出方法や上限の有無が説明義務の対象に加えられる（電気事業法施行規則（案）第3条の12第1項第8号）とともに、説明時に交付する書面は、原則8ポイント以上とし、需要家の判断に影響を及ぼす特に重要な事項については、12ポイント以上でかつ枠囲いをして明瞭かつ正確に記載することが求められています

（電気事業法施行規則（案）第3条の12第13項）。この「特に重要な事項」としては、小売営業ＧＬ（案）では、以下が挙げられています。

①料金やその算出方法
②燃料費調整や市場価格連動を設けている場合は、その旨およびその動向により料金が変動すること、上限が設定されている場合には上限があること
③需要家からの申し出による契約変更や解約に伴う違約金

また、説明を行う際の適合性原則（需要家の知識や経験、目的に照らして、需要家に理解されるために必要な方法および程度によるものでなければならないこと（電気事業法施行規則（案）第３条の12第６項））が明確化されています。

その他、小売営業ＧＬでは、燃料費調整や市場価格連動を設けている場合における望ましい行為なども追加されており、小売電気事業者は、これらの改正内容を踏まえた対応が求められます。

（2）経過措置料金規制

小売全面自由化の下では、（1）の規制の下で自由な競争が行われることが前提となり

ますが、競争が不十分な中で電気料金の自由化を実施した結果、電気料金の引き上げが生じたのでは、自由化の意味がなくなることになります。このような事態を防止するため、低圧の需要家については、経過措置として一定期間、市場支配的地位を有する旧一般電気事業者が行う小売供給のうち、自由料金を選択しない需要家に対するものについては、料金規制（以下「経過措置料金規制」）を継続することとされています。

この経過措置料金規制は、2020年4月から解除するか否かの議論が監視等委員会において行われましたが、競争が比較的進んでいる東京・関西エリアを含めてすべてのエリアで継続することになりました。この経過措置料金規制に基づく供給を行う事業者を「みなし小売電気事業者」といいますが、経過措置料金規制は、解除の基準を満たしていないとして、現在に至るまで解除が行われていません。

また、経過措置料金については、ロシアのウクライナ侵攻に伴う燃料価格の高騰などを背景として、最近では2023年6月に旧一般電気事業者のうち関西電力、中部電力ミライズおよび九州電力を除く7社が、値上げを実施しています。

(3) 最終保障・離島供給

小売全面自由化の下では、自由競争を前提としつつも、次のとおり、規制部門である一般送配電事業者に対して、必要となるセーフティネット等についての制度的措置が併せて講じられています。

まず、小売全面自由化後においては、経過措置料金規制に基づき電気を供給する場合を除き、小売電気事業者は電気を供給する義務を負いません。そのため、誰からも電気の供給を受けられない需要家がいた場合のセーフティネットとして、電気事業法は、規制部門である一般送配電事業者に対して、このような需要家に対する電気の供給を行うことを義務づけています（最終保障供給義務、電気事業法第17条第3項）。経過措置料金規制が現在も課されている低圧部門は、最終保障供給義務の対象外となっています。最終保障供給はセーフティネットであることから、経過措置料金規制と異なり、料金が割高に設定されています。

なお、ロシアのウクライナ侵攻に伴う燃料価格の高騰などを背景として、新電力の撤退が増加するとともに、旧一般電気事業者各社も高圧・特別高圧の分野において、標準メニューの新規受け付けを停止することとなりました。また、スポット市場価格連動のメニューが市場価格の高騰を受けて高くなることで、割高に設定されていた最終保障供給料金が割安になるという逆転現象が生じました。これにより、最終保障供給件数が大幅に増加し、最大で2022年10月に4万5000件を超える規模にまでなる不測の事態が生じました。一方で、一般送配電事業者は最終保障供給のための電源は確保していないことから、2022年9月からは、最終保障供給料金は市場価格に連動する仕組みが導入されています。その後、旧一般電気事業者各社の標準メニュー見直しを踏まえた受け付けの再開やスポット市場価格が比較的落ち着いていることから、最終保障供給の件数は減少を続けており、足下（2024年1月4日）では6922件に減少しています。

また、本土と系統がつながっていない離島においては、島内でディーゼル発電機等を稼働して電気を供給するため、発電原価が高いという特徴があります。そのため、離島における電気の供給を自由競争に任せてしまうと、電気料金が高くなり、かつ、離島において電気を供給する事業者がいなくなってしまう可能性もあります。そのため、電気事業法は規制部門である一般送配電事業者に対して、離島の需要家にも他の地域と遜色ない料金水準で電気を供給することを義務づけています（離島供給義務、電気事業法第17条第3項）。

全面自由化後の状況

(1) 自由化の進捗状況

小売全面自由化後の新電力のシェアの推移は、販売電力量ベースでは、2021年8月時点で、最大で総需要の約22・6%にまで拡大しましたが、直近（2023年10月時点）では、総需要の約16%、特別高圧需要の約5・2%、高圧需要の約16・1%、低圧需要の約25・2%となっています（監視等委員会「電力取引報結果」より）。

特に高圧や特別高圧のシェアの減少が顕著ですが、市場価格の高騰やロシアのウクライナ侵攻を契機とした燃料価格の高騰が大きな要因と考えられます。

一方で、公正取引委員会より、関西電力と中部電力および中部電力ミライズ、九州電力および九電みらいエナジーならびに中国電力との間で、高圧・特別高圧の分野で価格カルテルを行っていたとして、2023年3月30日、自主的に違反申告を行った関西電力を除く各社に対して排除措置命令と総額1000億円に上る課徴金納付命令が出されました。各命令に対しては、各社はその取り消しを求めて訴訟を提起しており、今後は裁判所による判断に委ねられますが、仮に事実である場合、自由化の精神を没却するものであり、極めて重大な問題といえます。

なお、スポット市場を通じた取引についても、小売全面自由化前は総需要のわずか2％程度でしたが、グロス・ビディング（第3章2参照）や地域間連系線の利用に関する間接オークションの導入（第4章2参照）等の政策的な措置もあり、最近では総需要の40％程度で推移しています。なお、2023年10月よりグロス・ビディングが休止されたため、市場取引割合は減少することが見込まれますが、実質的な取引量に変化はないと思われます。

コラム カルテル事案の発生について

2023年3月30日、公正取引委員会から、関西電力との間で以下の各事業者が2018年10月～11月以降、価格カルテル（独占禁止法第3条「不当な取引制限」）を行っていたとして、各事業者に対して、それぞれ排除措置命令と課徴金納付命令が課されました（**表1－2**）。

また、この排除措置命令等を受けて、2023年7月14日、経済産業大臣より、関西電力および前記各社に対して、業務改善命令が出されました。これは、経済産業大臣としてカルテルがあったことを認定しているものではなく、小売電気事業の営業上重要な情報等に関するやり取りを競争事業者同士で行っていた事実があることや、排除措置命令等を受けたこと自体が電気事業の健全な発達に対する信頼を著しく損なうことなどを理由としているものです。

なお、排除措置命令等を受けて、一部には旧一般電気事業者に対する発電部門と販売部門との分離（発販分離）を求める声もありますが、この事案は競争事業者同士の小売分野における競争制限的な行為が問題となっているものであり、発販分離は問題の対応策とはならないといえます。

表1－2　各事業者に出された命令と課徴金額等

	排除措置命令	課徴金納付命令（課徴金額）	対象需要家
中部電力	－	○（201億8,338万円）	特別高圧／高圧大口需要家（官公庁等除く）（※）ミライズは、会社分割により合意を承継
中部電力ミライズ	○	○（73億7,252万円）	
中国電力	○	○（707億1,586万円）	特別高圧／高圧需要家（官公庁等除く）
九州電力	○	○（27億6,223万円）	官公庁等
九電みらいエナジー	○	－	

深掘り　経過措置料金規制による競争環境のゆがみ

経過措置料金規制解除の考慮要素としては、経過措置料金に関するとりまとめにおいて、次の点が挙げられています。

①消費者等の状況

②十分な競争圧力の存在（有力かつ独立した競争事業者＝エリアのシェア5%以上の事業者が複数存在すること）

③競争の持続的確保（内外無差別の卸取引の実現）

特に②については、現時点で満たしているエリアは存在していないのが実情です。

もっとも、経過措置料金については、旧一般電気事業者にとっては、昨今の燃料価格の上昇などの局面で機動的な料金の見直しが困難という課題があります。また、新電力にとっても経過措置料金規制が残っている状況は望ましい状況とは言い難いところです。すなわち、旧一般電気事業者の経過措置料金より高いと競争力が失われることから、低圧については経過措置料金の体系や水準を踏まえた料金メニューを提供している事業者が多いのが実情です。内外無差別の卸取引の促進により、新電力も相対取引を通じた電源調達が進んでいますが、内外無差別の卸取引については、エリアによっては入札等が実施され、プライスベースの取引となる場合もあります。そのため、例えば、調達時点での指標となりうる調達年度の先物価格等によっては、調達価格が需要家へ供給する料金を上回るケースも生じます。値上げをすれば競争力を失い、値上げをしなければ赤字になるというジレンマに陥ってしまいます。

このように、経過措置料金規制は旧一般電気事業者、新電力双方にとって実際の取引コストを適切に反映することの支障となるものといえますし、場合によっては経過措置料金が最も競争力を持つ価格となり、競争関係にゆがみが生じる懸念がありま す。そのため、健全な競争の観点からは経過措置料金規制は早期に撤廃されることが適切といえます。

経過措置料金規制は需要家保護の目的で設けられているものであり、その解除にあたっては慎重な判断が必要となりますが、前記のとおり、経過措置料金規制が生じさせている競争環境への悪影響は無視できないものであり、他の需要家保護策を前提とした経過措置料金解除の基準の見直しも含めて検討が進められることが期待されます。

深掘り 小売全面自由化後の制度議論のポイント（電力の価値に応じた取引）

自由化の中では競争環境の整備が重要であり、併せて、自由化の下での安定供給の確保やカーボンニュートラルの実現といった公益的な課題に対して、どのように対処していくかといった点が重要となります。

次章以下ではそれぞれ具体的に見ていきたいと思いますが、小売全面自由化の直後から資源エネルギー庁において、経済合理的な電力供給体制と競争的な市場を実現するとともに引き続き安定供給の確保を図る等といった観点から、さらなる市場・ルールの整備に関する制度的措置についての議論が、自由化の中で生じている課題も踏まえて行われています。

ここでの議論のポイントの一つとしては、これまで必ずしも明確に認識して取引されてこなかった電力の価値を明確にして、その価値をそれぞれの市場において取引をすることとされた点が挙げられます。具体的には、電力の価値について、実際に供給される電力の価値である「ｋＷｈ価値」（電力の供給量）のみならず、「ｋＷ価値」

（電力の供給能力）、「⊿kW価値」（需給調整）、「非化石価値」（非化石電源の環境価値）に区分し、各価値について取引をする市場が創設されました。「kWh価値」については、従来のスポット市場や先渡市場に加えベースロード市場が、「kW価値」については容量市場が、「⊿kW価値」については需給調整市場が、「非化石価値」については非化石価値取引市場が創設されました。各価値とそれぞれ取引される市場についてのイメージは**図1―1**のとおりです。

深掘り　小売全面自由化の下で押さえておくべき法律

小売全面自由化の下において電気事業を行うにあたっては、電気事業法だけを押さえておけば十分というわけではありません。

図1―1　市場で取引される価値

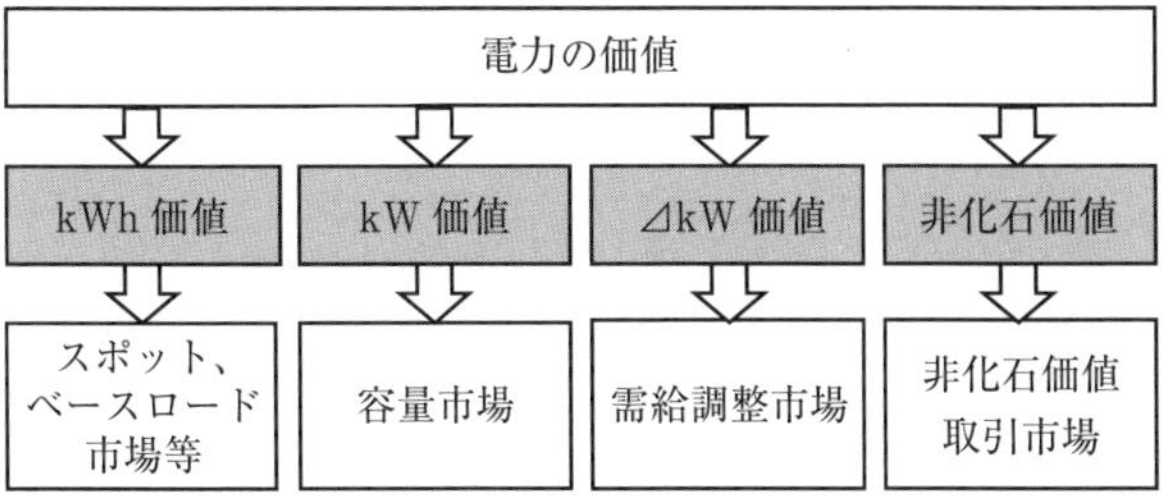

小売全面自由化によって、特に家庭用の電力の販売の文脈においては、消費者保護に関する電気事業法以外の次の法律を押さえておくことが重要となります。

①消費者契約法

消費者が事業者と契約をするとき、両者の間には持っている情報の質・量や交渉力に格差があるという状況を踏まえて、消費者の利益を守るために制定された法律（不当な勧誘による契約の取り消しと不当な契約条項の無効等を規定）

②特商法

訪問販売、通信販売、連鎖販売取引等といった消費者トラブルを生じやすい特定の取引形態を対象として、消費者保護と健全な市場形成の観点から、取引の適正化を図るために制定された法律

③景表法

商品やサービスの品質、内容、価格等を偽って表示を行うことを規制するとともに、過大な景品類の提供を防ぐために景品類の最高額を制限することなどにより、消費者がより良い商品やサービスを自主的かつ合理的に選べる環境を作ることを目的として制定された法律

また、家庭用の需要家に電力を販売する場合は、個人情報を取り扱うことになるため、**個人情報保護法**（個人情報の有用性に配慮しながら、個人の権利や利益を守ることを目的に制定された法律）も押さえておく必要があります。

その他、押さえておくべき法律としては**不正競争防止法**などがあり、代理店と提携する等の場合は、小売電気事業者や代理店の規模によっては**下請法**を踏まえた対応等も必要となります。

加えて、主に電力市場において市場支配的な事業者である、旧一般電気事業者に対しては、**独占禁止法**（※）が挙げられます。

このように、電気事業を行うにあたっては電気事業法はもちろんのこと、他の法律についての十分な知識・理解が必要となります。

（※）独占禁止法は、それ以外の事業者にとっても他社の独占禁止法違反によって自社の利益が害されていないかという視点を持つことも重要といえますし、旧一般電気事業者と提携をする際には、独占禁止法を踏まえた対応が必要となります。そのため、旧一般電気事業者ではない電気事業者も押さえておく必要がある法律といえます。

深掘り 小売営業ＧＬと適取ＧＬ／望ましい行為と問題となる行為

電気事業を行う事業者は、法律（電気事業法）だけを見ていては事業ができません。実務上重要となるのがガイドラインであり、例えば、インサイダー取引や相場操縦取引規制など他法令をみると、法律での規定がされてもおかしくない事項についても、ガイドラインで規定されています。

電気事業分野におけるガイドラインは多岐にわたりますが、代表的なガイドラインとしては小売営業ＧＬと適取ＧＬが挙げられます。

小売営業ＧＬと適取ＧＬとの最大の相違点は、次の3点が挙げられます。

①念頭に置いている主たる事業者が、市場支配的な事業者か否か
②ガイドラインの根拠となる法律
③対象分野

すなわち、小売営業ＧＬはすべての小売電気事業者を対象としている一方、適取ＧＬは引き続き主として支配的事業者を対象としているという違いがあります（①）。

また、小売営業ＧＬは電気事業法を根拠とするものですが、適取ＧＬの根拠となる法

律は電気事業法にとどまらず、公正競争確保等の観点から独占禁止法も含まれています（②）。そして、小売営業ＧＬは小売り分野を対象としている一方、適取ＧＬの対象は小売り分野には限定されず、小売り分野、卸売り分野、ネガワット取引分野、託送分野等および他のエネルギーと競合する分野の各分野となっているという違いがあります（③）。

なお、前記のとおり、従来適取ＧＬは支配的事業者である旧一般電気事業者を対象としていたものであり、基本的にその対象は小売全面自由化後も引き続き変わらないものの、小売全面自由化に伴い、請求書への記載事項等その対象が電気事業者一般となっているものもある点には留意が必要です。

小売営業ＧＬ・適取ＧＬにおいては、電気事業法上の観点からは、主として電気事業法上「問題となる行為」と需要家の利益の保護や電気事業の健全な発達を図る上で「望ましい行為」が示されています。

「問題となる行為」とは、業務改善命令（電気事業法第２条の17等）または業務改善勧告（電気事業法第66条の12第１項）が発動される原因となり得る行為と位置づけられており（小売営業ＧＬ序(1)１頁）、順守することが必須といえます。

他方、「望ましい行為」については特に言及はなく、「望ましい行為」を行っていなかったからといって、直ちに業務改善命令等が発動されるということはありません。ただし、従来、適取GLにおいて「望ましい行為」は事実上事業者が順守すべき規範を構成していたという実態があり、今後もその位置づけは大きく変わらないといえます。このため、順守できない、または順守しないことについて合理的な理由がある場合は別ですが、実際の電力ビジネスを行うにあたっては、基本的には「望ましい行為」についても順守することを念頭において対応することが適切と考えられます。

深掘り 高圧一括受電モデル

●高圧一括受電が認められる背景・理由

最終需要家へ電力を供給するためには、原則として、小売電気事業の登録が必要となり、電気事業法上の説明義務や書面交付義務が課されます。もっとも、マンションやオフィスビルにおいて、高圧一括受電業者が受電設備を所有または維持・管理を行っている場合、その高圧一括受電業者は、小売電気事業の登録をせずに受電設備で受電した電力を最終需要家に対して供給することが認められています。

高圧一括受電については、低圧で電気を供給してもらう場合より高圧で電気を供給してもらう場合の託送料金が安いことから、小売全面自由化前に、マンションの需要家が部分自由化の恩恵（託送料金が安くなる分、電気代が安くなるという恩恵等）を受けられるようにすることを主な目的として考えられたモデルです。

これは、受電設備を所有または維持・管理している高圧一括受電業者は、電気の供給を受けているという実態（以下「受電実態」）を有しているという点に着目し、マンションやオフィスビル等を一体として「1の需要場所」とみることで、高圧一括受電業者を小売供給契約の需要家とする考え方です。

この場合、高圧一括受電業者からマンション各戸の居住者やオフィスビルのテナント等の最終需要家に対する供給は、1の需要場所内の電気のやり取りとして、電気事業法上の規制の対象外と考えられています（小売営業GL2(3)46頁）。

具体的には、**図1—2**によれば、Aから受電実態を有する高圧一括受電業者Bに対する供給が小売供給となりますので、Bについては小売電気事業の登録は不要と整理されます。

図１－２　高圧一括受電のイメージ

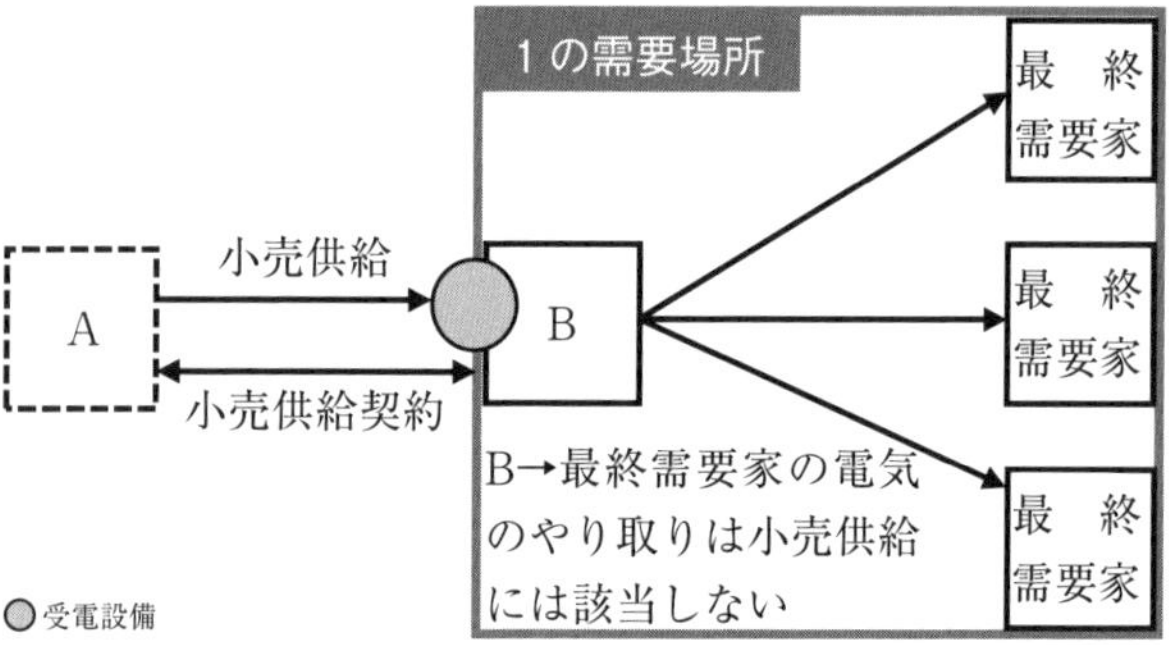

●需要家保護のあり方等

高圧一括受電業者の最終需要家に対する電力の供給については、電気事業法上の規制の対象外であるからといって、電気の最終需要家に対する適切な情報提供や苦情や問い合わせ対応を怠り、最終的な電気の使用者の利益が害されてはなりません。

そのため、高圧一括受電業者に対しては、小売電気事業者が小売営業ＧＬで定められる需要家保護策と同等の措置を適切に行うことが望ましいとされています（小売営業ＧＬ１(2)イvi 12頁、２(3) 46頁）。具体的には、小売供給契約締結の際の説明義務や書面交付義務の履行、需要家または需要家となろうとする者からの苦情および問い合わせ対応業務の適切な履行をすることなどが考えられます。これに加えて、管理組合による集会において高圧一括受電サービスの導入に係る決議を行うために住民説明会等が行われる場合には、高圧一括受電業者は、その際にも十分な説明を行うことが望ましいとされています（小売営業ＧＬ１(2)イⅵ12頁）。

また、近年では、需要家保護のあり方の問題のほか、最終需要家が単独で他の事業者への電力供給に切り替えることができなくなるため、需要家が供給を受ける電力や事業者の選択に対する制約となるといった弊害も指摘されています。

高圧一括受電については、小売全面自由化以前から、マンションの需要家が部分自由化の恩恵を受けられるように考えられたモデルであることからすれば、全面自由化された今、高圧一括受電のあり方については改めて検討していくことも必要となるように思われます。

4　法的分離

ポイント
・電力システム改革の第３段階

・一般送配電事業者に対する、より一層の中立性確保を目的とした兼業禁止と行為規制
・託送情報漏えい事案が発生し、行為規制の強化／所有権分離の議論も

背景

電気事業法上は、法的分離前においても、送配電部門の中立性確保の観点から、主に次の規制が設けられていました。

①目的外利用の禁止（電気事業法第23条第1項第1号等）

託送供給等業務に関して知り得た他の電気供給事業者および電気の使用者に関する情報について、当該業務等に用いる目的以外で利用すること等を禁止

②差別的取り扱いの禁止（電気事業法第23条第1項第2号等）

送配電等業務（変電、送電および配電に係る業務）において、特定の電気供給事業者を不当に優先的にまたは不利に取り扱うこと等を禁止

もっとも、小売電気事業や発電事業を行うためには、基本的に送配電事業者の送配電設備を利用する必要があり、小売全面自由化により多数のプレーヤーが参加することに伴

い、送配電事業の中立性を確保することがより一層重要となります。

概要

（1）法的分離

以上の背景を踏まえ、第3段階の改正電気事業法において、2020年4月までに旧一般電気事業者等から送配電部門等の法的分離を行う（送配電事業等と発電・小売電気事業の兼業を原則禁止する（※））こととされました（電気事業法第22条の2第1項本文等）。

法的分離の類型は**図1―3**をご参照下さい。送配電事業は、一般送配電事業、送電事業、配電事業および特定送配電事業の4つの類型に分類されますが、法的分離の対象となった電気事業類型は、一般送配電事業、送電事業、そしてエネルギー供給強靭化法に基づき新たな類型として加わった配電事業となります。配電事業は、基本的には一般送配電事業者の一部の配電設備を譲渡または貸与することを想定した事業類型であることから、一般送配電事業とともに、原則として法的分離の対象とされたものです（電気事業法第27条の11の2第1項本文等、配電事業の詳細は、本章5（3）を参照）。

ただし、一般送配電事業者のうち沖縄電力は、その規模や電力系統が本土と連系してい

図1－3　法的分離の類型

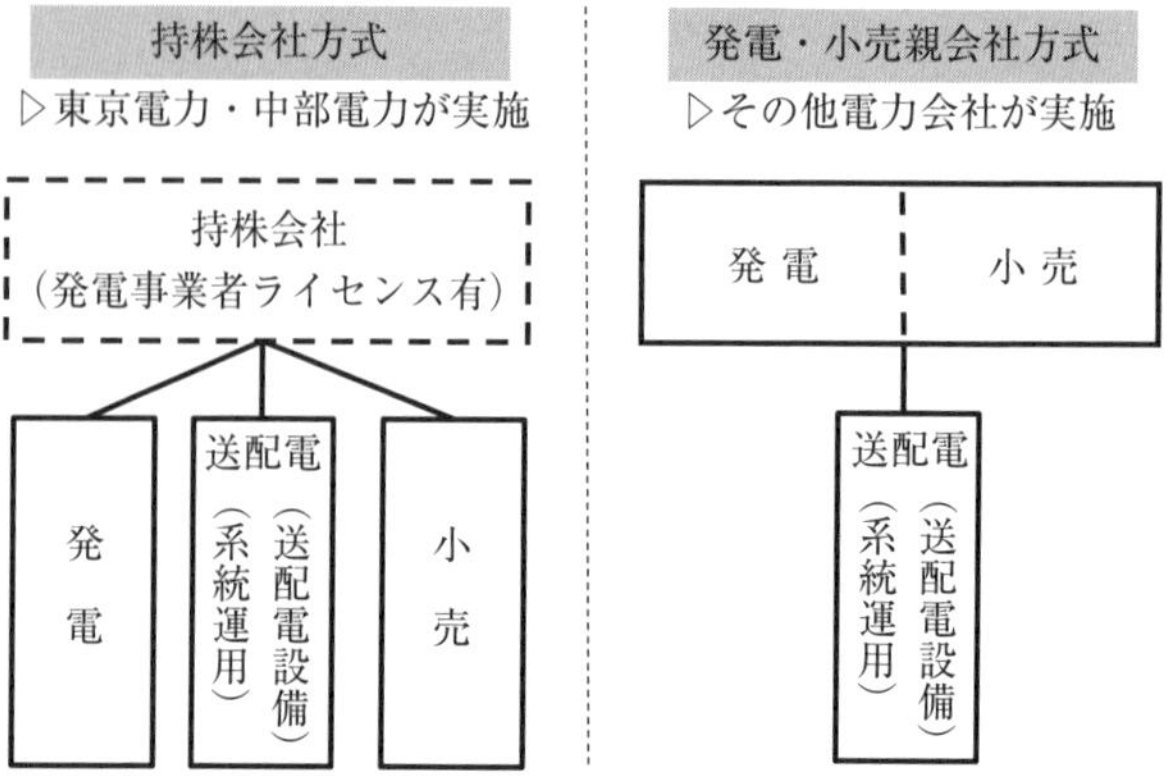

ない等の実態を踏まえ、法的分離の対象外とされています（電気事業法第22条の2第1項但し書き）。また、配電事業者については、需要家軒数が5万軒を超えないこと、または離島等の場合等の一定の場合は法的分離の対象外とされています（電気事業法第27条の11の2第1項但し書き）。なお、北海道北部の陸上風力発電所建設のために送電線を敷設することを目的として設立された北海道北部風力送電（北部送電）は送電事業の許可を受けていますが、その規模等からすれば兼業規制の対象外とすることが適切とも思われます。もっとも、北部送電は、もともと発電事業は異なる主体が実施していることから、発電事業と送電事業を一体の会社で実施していた場合と異なり、兼業規制の例外を認める必要性はありません。そのた

め、兼業規制の適用を受けることとなり、その結果として、次の行為規制についてもその例外は認められていません。

（※）2022年4月からは、エネルギー供給強靭化法により新たな類型として特定卸供給事業者（本章5（2）参照）も対象となっています。

(2) 行為規制の概要

法的分離においては、所有権分離と異なり、一般送配電事業者、送電事業者および配電事業者（以下、総称して「一般送配電事業者等」）と発電・小売電気・特定卸供給事業者との間の資本関係は許容されます。そのため、中立性確保の観点から一般送配電事業者等とそのグループ内の発電・小売電気・特定卸供給事業者およびその親会社（以下、総称して「特定関係事業者」）との間では、一定の規律として人事・業務委託などに関する規制が導入され、その規制を一般に行為規制といいます。

行為規制は主に、一般送配電事業者等とその特定関係事業者についての規律を規定するものですが、大きく次のような3つの視点に分けることができます。

①一般送配電事業者等としての中立性のより一層の確保に係る規制

②一般送配電事業者等による利益等の発電・小売電気・特定卸供給事業への移転の制限に係る規制

③一般送配電事業または送電事業を行っていることにより発電・小売電気・特定卸供給事業に生じるメリット享受の制限に係る規制

①に関しては、まず、取締役や従業員の兼職に関する規律が挙げられます（電気事業法第22条の3、同法第23条の2等）。取締役は経営判断を行う一方、従業員は個別の業務に従事するといった違いがあります。このため、一般送配電事業者等の取締役等とその特定関係事業者の取締役等については原則として兼職が禁止される一方、従業員は、送配電等業務に関する重要な業務に従事する者とその特定関係事業者の従業員のうち、管理職等の重要な役割を担う者との間の兼職が禁止されるにとどまります。

また、一般送配電事業者等とその特定関係事業者およびその子会社（一般送配電事業者等の子会社を除く。以下、総称して「特定関係事業者等」）との間の送配電等業務の委託と発電・小売電気・特定卸供給事業の業務の受託が原則として禁止されています（電気事業法第23条第3項～第5項等）。ただし、例えば一般送配電事業者等による業務の委託については、「災害の場合におけるやむを得ない一時的な業務の委託」、「受託者に開示する情報が託送供給等業務に関する非公開情報が含まれない業務の委託」、「受託を受けた特定関係事業者等が差別的な取り扱いをすることができないような裁量性のない業務の委託」などは認められます。ただし、この場合であっても、災害時の場合を除き、合理的な理由がない限り公募することが求められます。

②に関しては、一般送配電事業者等との間の取引については、「通常の取引条件」で行うことが求められます（電気事業法第23条第２項等）。「通常の取引条件」とは、自己のグループ会社以外の会社と同種の取引を行う場合に成立するであろう条件と同様の条件をいうとされています。なお、この規律は、特定関係事業者のみでなく、関連会社なども対象となる点には留意が必要です。

③に関しては、社名・商標に関する規律が挙げられます。すなわち、一般送配電事業者等とその特定関係事業者については、両者が同一であると誤認されるおそれのある社名、商標については原則として使用することはできません（電気事業法第23条第１項第３号、同施行規則第33条の７第１号・第２号等）。そのため、一般送配電事業者等がグループ名称（東京電力などの旧一般電気事業者名）の社名を使用する場合には、「送配電」「パワーグリッド」など一般送配電事業者等であることを示す名称の付与が求められます。

また、広告・宣伝に関してはグループ一体となった広告・宣伝等が禁止されています。すなわち、一般送配電事業者等が、その特定関係事業者に対する需要家等の評価を高めることに資する広告等の営業行為を行うこと（電気事業法第23条第1項第3号、同施行規則第33条の7第3号等）、また、特定関係事業者が、一般送配電事業者等の信用力または知名度を利用して、その事業者に対する需要家等の評価を高めることに資する広告等の営業行為をすること（電気事業法第23条の3第1項第2号、同施行規則第33条の14等）が禁止されています。なお、特定関係事業者が、グループ全体での会社案内やCSR、環境への取り組みの広告・宣伝として一般送配電事業者等の情報を掲載するにとどまる場合などには、禁止される営業行為に該当しないとされています。

最後に、一般送配電事業者等は、これらの行為規制等を順守するための体制の整備も求められます。すなわち、託送供給等業務に関して知り得た情報等の送配電等業務等に関する情報の適正な管理や、託送供給等業務の実施状況を適切に監視するための体制の整備等、必要な措置が求められます（電気事業法第23条の4等）。

以上の他、特定関係事業者においては、一般送配電事業者等に対し、電気事業法上の行為規制違反行為をするように要求し、または依頼することが禁止されています（電気事業法第23条の3第1項第1号等）。例えば、典型的には、親会社である発電事業者が、一般送配電事業者等に対して、自社の発電投資計画に合わせた送配電投資計画を策定するよう働きかける場合が考えられます。

(3) 情報漏えい事案の発生およびそれを受けた対応

２０２２年の年末から年明け以降にかけて、複数の一般送配電事業者において、災害時に閲覧可能なシステム等で自社以外の需要家の非公開情報などが閲覧可能な状態になっており、それをグループの小売電気事業者が閲覧をしていた等の事案（以下「非公開情報漏えい事案」）が発生しました。

非公開情報漏えい事案を受けた処分等の詳細は、コラムをご参照いただければと思いますが、関西電力以外は、漏えいした非公開情報を顧客獲得活動などの営業行為に活用した事例は確認されず、もっぱら自社へスイッチングを希望した需要家のスイッチングを円滑にすることを目的として、切り替え前の当該需要家の情報を確認した場合が多いとのことです。ただし、この場合でも他の小売電気事業者との間では、スイッチングが円滑に行うことができるという点で有利となっており、競争上不適切な行為であることには変わりません。いずれにせよ、このような非公開情報の漏えいは競争基盤を揺るがすものであり、極めて重大な問題といえます。

非公開情報漏えい事案を受けて、おおむね次の措置を盛り込んだ電気事業法施行規則および適取GLの改正が予定されています。

①新電力の顧客情報および電力の買い取り情報を保有するシステムの物理分割（原則3年以内。従来は一般送配電事業者とその特定関係事業者でシステムを共有しつつ必要な情報のみをその特定関係事業者にアクセスさせる、いわゆる論理的分割）、アクセスログ確認の徹底（従来は保存のみが義務）

②内部統制体制の強化に関する事項（管理部門の設置、管理部門による指導・監督、不適切な業務がされたことを早期に発見し、調査・対応を行う体制の整備。いわゆる三線管理の徹底。従来は、第二線である管理部門に関する定めがなかった）

③特定関係事業者に対して、一般送配電事業者が託送供給等の業務で知り得た他の電気供給事業者や新電力の顧客情報を発電・小売電気・特定卸供給事業で利用することの禁止

④災害等非常時対応の情報共有に関する事項（特定関係事業者等に共有可能な情報および

び情報共有時における実施事項＝アクセス権限付与のタイミングや解除の際の措置等）の明確化

今後同種の事案を発生させないためには、特に内部統制体制の強化が重要であり、実効的な三線管理のためには、第二線が第一線との間で相談しやすい関係を構築することや、管理部門である第二線や監査部門である第三線が第一線に対して適切な指導・監督をできるようなスキルアップが不可欠となります。実務や実態に即した教育・研修や三線間の人材交流などを含めて、実効的な内部統制体制の構築が求められるところです。

また、業務改善計画が提出された２０２３年5月12日から1年間は、集中改善期間とされています。行為規制は非公開情報の漏えいに限られるものではないことから、この期間に各事業者は、これまでの行為規制に関する対応が問題なかったのか、再検証をして必要な見直しを図るべきといえます。

(4) 所有権分離について

所有権分離が今回の一連の事案への対応になりうるのかについては、目的と効果を比較衡量しつつ、慎重に考える必要があるとされています。審議会でも議論されたように、今回の事案は、一般送配電事業者がその特定関係事業者を意図的に利するために行ったものではないことから、そのようなインセンティブを削ぐ制度的措置である所有権分離は、直接の対応策とは言い難いところです。

また、資本関係の分離を求めることは、憲法第29条で保障される財産権侵害の懸念もありますし、今後脱炭素に向けた大規模な投資が必要となる中で、これまでグループ一体として実施してきた資金調達への影響も考慮することが必要となります。法的分離は、あくまでも一般送配電事業の中立性確保のための措置であり、資金調達をグループ一体として行ったとしても、一般送配電事業者とその特定関係事業者との間の取引がグループ外と同等の条件であれば、中立性を損なうインセンティブは発生しないと考えられることも踏まえると、資本の分離を求めることが電気事業制度全体を俯瞰して本当に必要な施策なのかについては冷静な議論が必要といえます。

コラム　情報漏えい事案の発生を受けた処分等

2022年12月から年明け以降にかけて非公開情報漏えい事案が発生しました。こ

表１－３　各事業者に出された行政処分等

〈業務改善命令〉

事業者名	主な理由
関西電力送配電	・情報管理体制に係る重過失（システムの情報遮断失敗）・漏えいした情報が営業活動に一部用いられた ・配電部門画面のアクセス権限設定不備・差別的取り扱い（委託会社の管理不備）
関西電力	・漏えい情報を営業活動においても用いたこと ・委託会社を介した差別的取り扱いの依頼（関西電力の業務委託先でもある関西電力送配電の委託会社から他社顧客情報を入手）
九州電力送配電	・託送情報の目的外提供、差別的取り扱い（システム障害解消後も九州電力から閲覧可能な状態を作出） ・業務運営が極めて不適切（顧客情報が閲覧可能な状態、営業部門に存置された多くの端末・システムに気付かず）
九州電力	・託送情報の目的外提供や差別的取り扱いの依頼（システム障害解消後も九州電力送配電システムを継続利用） ・多くの従業員が顧客対応のために閲覧（九州電力送配電のシステムを組織的に利用）
中国電力ネットワーク	・託送情報の目的外提供、差別的取り扱い（中国電力のカスタマーセンターにおいて中国電力ＮＷの端末を利用可能とし、一部について2020年10月に情報遮断を行ったが不十分） ・組織全体として行為規制を軽視 ・情報管理体制整備の過失による不備（顧客情報が閲覧可能な状態、かつ、マスキング漏れ）

〈業務改善勧告〉

事業者名	主な理由
中国電力	・多くの従業員が顧客対応のために閲覧（カスタマーセンターに配置された中国電力ＮＷ端末を組織的に利用）
中部電力パワーグリッド	・情報管理体制整備に係る重過失（システムの情報遮断失敗）による、中電ミライズが閲覧可能な状態の作出
中部電力ミライズ	・多くの従業員が顧客対応のために閲覧

東北電力ネットワーク	・情報管理体制整備義務に違反する重大な過失（営業所の共用スペースに東北電力ＮＷ端末を配備、人事異動時の端末管理等）
東北電力	・一部部署の従業員が顧客対応のために閲覧
四国電力	・非常災害業務の委託のために付与されたアクセス権限を利用して、多くの従業員が顧客対応のために閲覧

〈業務改善指導〉

事業者名	主な理由
四国電力送配電	・非常災害時目的でアクセス権限を付与。同社に注意義務違反はないものの、四国電力の従業員が平時から閲覧
沖縄電力	・一定期間、他社顧客情報を小売部門が閲覧可能な状態（送配電部門） ・他社顧客情報の閲覧をした従業員が少数存在（小売部門）

れを受け、2023年4月17日、表1—3のとおり、各一般送配電事業者に対して、経済産業大臣による業務改善命令および監視等委員会による業務改善勧告や指導が行われています。

また、同時期に、一般送配電事業者に経済産業省が付与している再エネ業務管理システムのアカウントを、グループ内の小売電気事業者の一部の社員が使用し、情報が不正に閲覧されていたことも判明しており、同日、すべての一般送配電事業者およびみなし小売電気事業者に対して、改善等の指導が行われています。

加えて、グループ会社であっても、

「第三者」であることから、これらの事案については個人情報保護法上の問題（個人情報の適正な取得違反、安全管理措置の不備、委託先監督上の不備等）もあり、２０２３年６月29日、個人情報保護委員会から一般送配電事業者およびみなし小売電気事業者各社に対して、改善の指導が行われています。

5　全面自由化後の事業類型

ポイント
・垂直一貫型から事業の性質に応じた事業類型へ
・役割や義務に応じた「許可」「届け出」「登録」制
・技術の進展やデジタル化などを反映し「アグリゲーター」「配電事業」などの新たな事業区分も出現

背景

小売全面自由化前は、部分的に自由化が進められてきたということはありますが、一般電気事業者を中心に、規模の経済性を前提として発送電一貫の独占供給を認める一方、料金規制等で独占の弊害を排除するといった垂直一貫型の事業規制が前提となっていました。

もっとも、小売全面自由化により、このような前提がなくなったため、発電事業、送配電事業および小売電気事業といった事業の性質に応じた規制体系に移行されることになりました。

概要

電気事業法では、大きく分けて発電事業、特定卸供給事業、送配電事業および小売電気事業の4つの事業類型が設けられています。

(1) 発電事業について

発電事業は届け出制であり、1万kW以上の発電設備を維持・運用している場合は対象となります。発電事業者には旧一般電気事業者の発電部門も含まれますし、再エネ事業者も合計で1万kWの発電設備を維持・運用している場合は含まれます。また、2022年の電気事業法改正（第1章7（2）参照）において、系統側に設置する蓄電池を維持・運用する事業についても「発電事業」に該当することが明確にされました。

自由化分野ですので基本的には非規制であるものの、小売全面自由化後においても引き続き経済産業大臣が、供給力を適切に把握し、電気の安定供給の確保に支障が生じ、または生ずるおそれがある場合には、発電事業者に対して供給命令等を発動し得る環境を整備する観点から、届け出制とされています。

(2) 特定卸供給事業（アグリゲーターライセンス）について

エネルギー供給強靭化法により、DR等の多数の分散型リソースを集約・調整して、小売電気事業者、一般送配電事業者、特定送配電事業者および配電事業者に対して電力の卸供給を行う事業者、いわゆるアグリゲーターが特定卸供給事業者として電気事業法上位置づけられています。特定卸供給事業者については、卸供給を行うことに着目して発電事業者と同様に経済産業大臣への届け出制とされています（電気事業法第27条の30第1項）。

アグリゲーターは、DRやVPP（仮想発電所）など需要側の様々な資源を集めて供給力や調整力として柔軟に活用していくビジネスとして、分散的な電力ネットワークが構築されていく時代においてはキープレーヤーとなっていく可能性を秘めています。従来、DR等の多数の分散型リソースを集約・調整して、小売電気事業者等に対して電力の卸供給を行うこと自体は認められていたものの、このような卸供給を行う事業者を電気事業法上の電気事業者とは位置づけていませんでした。今後、DRをはじめとする分散型リソースの活用を促す観点からも、電気事業者としての位置づけを明確に与えることについては意義があると思われます。

また、2022年度にFIP制度が開始されたことに伴い、再エネ事業者にも計画値同時同量が求められるようになりますので、これを個々の事業者ではなく、アグリゲーターが様々なリソースを束ねることで達成し、安定供給の担い手となっていくことも期待されるところです。

(3) 送配電事業について

送配電事業は、さらに一般送配電事業、送電事業、配電事業および特定送配電事業の4つの類型に分類されます。

（a）一般送配電事業

一般送配電事業は、東京電力パワーグリッドや関西電力送配電など、旧一般電気事業者の送配電部門が供給区域における送配電設備についての維持・運用の責任を負う許可制の事業であり、それぞれ供給区域における独占が認められています。一般送配電事業者は供給区域ごとに全国で10事業者のみとなります。送配電事業は、引き続き規模の経済性を有していると考えられており、同一の場所に二重に送配電網が張り巡らされると無駄な投資となってしまうため、一般送配電事業者による地域独占を認め、許可制となっています。その半面、送配電網の利用については差別的取り扱いを禁止する（電気事業法第23条第1項第2号）などの中立性が求められています。

なお、より一層の中立性を確保する観点から2020年4月、沖縄電力を除く一般送配電事業者について、資本関係の維持は認めつつ、発電・小売電気事業を行う会社と別会社化することを内容とする、いわゆる「法的分離」が行われました。これは、電力システム改革の第3段階の法律によって措置されています（本章4参照）。

また、再エネ電源の拡大で送配電事業への追加投資が増加することが予測されますが、そうした中でもコスト効率化と再エネ導入等を両立させるため、系統利用ルールの見直しと併せて託送料金制度の改革も進められています（第4章5参照）。

（b）送電事業

送電事業は、旧卸電気事業者の送電部門、すなわちJパワー（電源開発）の送電部門が対象となる許可制の事業となります。許可制となっているのは一般送配電事業と同様の趣旨であり、公共性の高い送電設備については引き続き規模の経済性や自然独占性が認められることから、二重投資および過剰投資が生じ、その結果として一般送配電事業者の託送料金が上昇するといった事態を回避する目的となります。

送電事業者の送電設備は、北海道電力と東北電力間をつなぐ北本連系線（60万kW分）などの地域間連系線が代表的ですが、送電事業は、同一または異なる一般送配電事業者が維持・運用する送電網をつなぐ役割を果たす送変電設備を維持・運用して、電力を橋渡し（振替供給）する事業をいいます。送電事業者が維持・運用する送変電設備は、旧一般電気事業者が維持・運用する送電、変電および配電設備と同様の役割を果たすことから、送電網の利用については、差別的取り扱いが禁止される（電気事業法第27条の11の4第1項第2号）など中立性が求められています。

また、北海道北部の風力適地に送電網を敷設するために、北部送電が送電事業の許可を受けています。通常の送電事業であれば、送電事業者は橋渡しをしてあげる一般送配電事業者から振替供給料金の支払いを受けることで、送電網の投資・維持管理費用を賄います。一方、風力のための送電線の敷設は特定の風力発電事業者が直接的な利益を受けることに着目し、送電網の投資・維持管理費用を当該地域で風力発電事業を行う者から料金の支払いを受けることで賄うことが前提となっている点に特徴があります（風況の良い地域ではＦＩＴにおける調達価格で前提としている設備利用率を上回ることがあり、上回った分の収益を送電網の投資・維持管理費用に充当するというイメージ）。

同様のスキームを活用して、福島地域の再エネ開発と連携し、発電事業者と一般送配電事業者との間をつなぐ共用送電線の整備・運営を行うことを目的とした、福島送電が送電事業の許可を受けています。なお、送電事業についても一般送配電事業と同様、より一層の中立性を確保する観点から、２０２０年4月から発電・小売電気事業を行う会社と送電事業を行う会社を別会社することを求める法的分離が実施されています。

最近では、広域連系系統のマスタープランを受けて、北海道～東北～東京の日本海側ルートに関して海底直流送電を前提とする具体化の議論が進められています。その海底直流送電事業についても、実施主体が送電事業の許可を取得することが予想されるところです。

（c）配電事業

コスト効率化や災害時のレジリエンス向上の観点から、特定の区域において、一般送配電事業者の配電網を活用して、新規参入者が面的な系統運用を行うニーズが高まってきました。具体的には山間部や離島などの限られた区域で既存の配電系統を維持・運用し、需給調整等を行う事業者を、エネルギー供給強靭化法において配電事業者として電気事業法に位置づけることとなりました。

災害時には特定の区域内で電力供給を賄うほか、将来的にはエネルギーの地産地消、地域エネルギーリソースを活用したP2P（ピア・ツー・ピア）取引の展開、地域の水道やガスなどを含めたユニバーサルサービスを提供することなども構想されています。

配電事業とは、「自らが維持し、及び運用する配電用の電気工作物によりその供給区域において託送供給及び電力量調整供給を行う事業」をいうとされています（電気事業法第2条第1項第11の2号）。

配電事業と特定送配電事業との違いを聞かれることがありますが、配電事業は「一般送配電事業者から配電系統等を譲渡または貸与されること」を基本的な前提とし、「面的な広がりを持った供給を行う事業を想定」しているのに対し、特定送配電事業は、「基本的に事業者自身による自営線敷設を前提」とし、「需要家ごとの供給地点に電気を届ける仕組み」である点で異なるとされています。このように配電事業は一般送配電事業者の供給区域を一部切り出すことを想定しているため、公益性の高い事業として許可制が取られています（同法第27条の12の２）。この許可の審査においては、社会コストの増大を防ぐ観点から、収益性が高い配電エリアが切り出されることで他のエリアの収支が悪化することが生じないことも確認することとされています。また、配電事業者はその業務においては中立性が求められることから、原則として法的分離後の一般送配電事業者と同様の兼業規制や差別的取り扱いの禁止といった行為規制が設けられており、配電網へのオープンアクセス義務も課されています（同第27条の12の10）。なお、社会的コストの増加を抑制する観点から、配電事業者の供給区域においても、最終保障供給義務や離島供給義務は引き続き一般送配電事業者が負うこととされています。

配電事業制度の創設により、新規参入者がＡＩ・ＩｏＴ等の技術を活用した系統運用や設備管理を行うことで配電網を流れる想定潮流を合理化したり、課金体系の工夫等を通じて設備のサイズダウンやメンテナンスコストを削減したりすることが期待されます。また、配電事業者が調整可能な分散リソースを確保している場合には、災害時等に独立して緊急対応的な供給が行われることも期待されるところですが、配電事業だけでは必ずしも魅力のある事業とはいえません。配電事業は小規模なエネルギーネットワークであるマイクログリッドを想定した事業類型です。マイクログリッドを構築するためには、自らまたはグループ会社で発電・小売電気事業を実施することが想定されます。前記（本章4参照）のとおり、配電事業は一定の場合には法的分離の例外が認められていますが、今後の導入状況を踏まえてある程度柔軟な対応が必要となるかもしれません。

（d）特定送配電事業

特定送配電事業は、マイクログリッド、コミュニティグリッドなどを想定した届け出制の事業類型となります。小売全面自由化前は、六本木ヒルズ一帯に電力を供給する六本木エネルギーサービスなど、特定の区域で発電、送配電、小売電気事業を一体として行っていた旧特定電気事業者の送配電部門がこれに該当します。なお、特定送配電事業は、自らが維持し、運用する電線路により電気を供給する事業であり、当該電線路の敷設に着目した事業規制であるため、小売全面自由化前の特定規模電気事業者の自営線供給と同様に、一般送配電事業者との間で電気工作物の著しい重複が生じるという二重投資防止の観点から変更命令を出せるようにしておけば十分であるとして、許可制ではなく届け出制とされました。

ただし、特定送配電事業者が、その供給する地点で小売供給を行う場合は、登録特定送配電事業者として小売電気事業の登録と同様の登録が必要となり、需要家保護の観点から小売電気事業者と同様の各種義務が課されることとなります。

（４）小売電気事業について

小売電気事業は、後述するとおり、原則として最終需要家へ電力を供給する場合に必要となる事業類型であり、登録制となります。これは、旧一般電気事業者の小売部門やいわゆる新電力、ＰＰＳなどと呼ばれる旧特定規模電気事業者の小売部門がこれに該当します。

なお、小売電気事業について登録制を採用したのは、需要家保護や供給能力確保の観点から、一定程度事業を実施するにあたって審査が必要である一方、二重投資および過剰投資による弊害を防止する観点からの厳格な許可制をとる必要性に乏しいためとされています。

6　電力・ガス取引監視等委員会

ポイント
・自由化市場における市場の番人
・独立性・専門性が重要
・経済産業省に設置された8条委員会
・情報漏えい問題等を受け、体制の強化も

背景

小売全面自由化を進める中において、電力・ガスの小売事業・新しい市場が健全に発達し、消費者から受け入れられるためには、きちんとしたルールづくりと違反がないかを監視する体制が必要となります。その役割を担う組織として独立性と高度な専門性を有する新たな規制組織を設けることが、2013年に閣議決定された「電力システムに関する改革方針」において掲げられました。

概要

監視等委員会は、前記の「電力システムに関する改革方針」を受けて、電力、ガスおよび熱供給の小売自由化に当たり、市場における健全な競争が促されるよう、市場の監視機能を強化するために設置された経済産業大臣直属の規制組織であり、市場の番人としての役割を持つものです。電力の小売全面自由化に合わせて、２０１５年9月に電力取引監視等委員会として設立され、２０１６年4月にガス事業および熱供給事業に関する業務が追加され、現在の電力・ガス取引監視等委員会となっています。

委員会は、委員長および委員4名で構成されており、法律、経済、金融などの専門的な知識と経験を有し、その職務に関して公正かつ中立な判断をすることができる者のうちから経済産業大臣によって任命されます。

委員会の役割としては、「市場の監視」と「必要なルール作りなどに関して経済産業大臣へ意見・建議を行う」という2つがあります。「市場の監視」は大きく分けると、消費者保護の観点から小売事業者を監視することと、既存事業者・新規参入者間の健全な競争の確保を図る観点から市場を監視することの2つに分けることができます。また、「必要なルール作りなどに関して経済産業大臣へ意見・建議を行う」ことについては、小売営業

図1－4　監視等委員会の役割イメージ

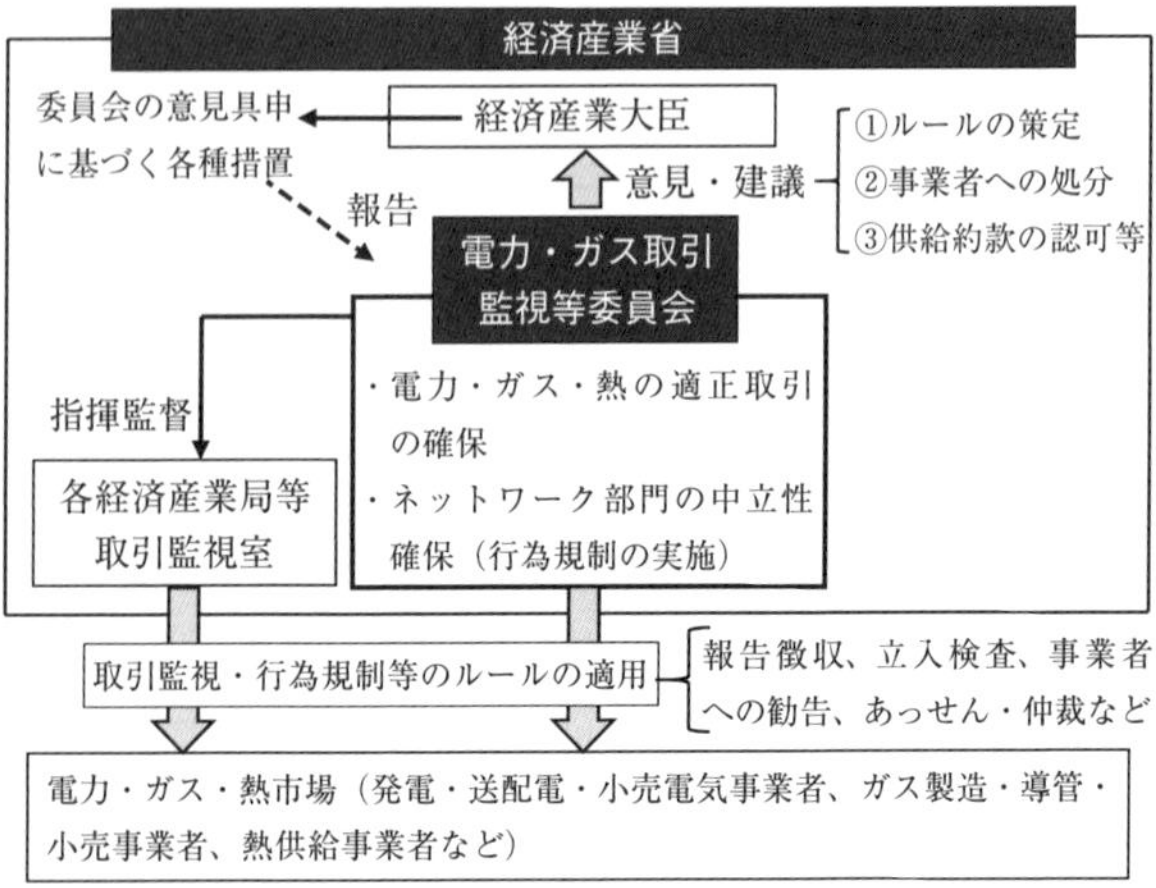

出所：監視等委員会ホームページ

GLや適取GL等についてのルール作りを行い、経済産業大臣へ建議することなどが典型的な例として挙げることができます。

なお、監視等委員会には、前記のほか、あっせんおよび仲裁の制度も設けられています。これは、送配電ネットワークや導管の利用に関する紛争や電力・ガスの卸取引における紛争等、電気供給事業者・ガス供給事業者間における電力・ガスの取引に関する契約等の紛争を公正・中立な手続きによって処理し、電力の適正な取引の確保を図ることを目的としています。

監視等委員会の役割のイメージは**図1－4**のとおりです。

また、監視等委員会は、電気事業法に基

づき、合議制の機関として、資源エネルギー庁とは別に経済産業省に置かれています。これは、あくまでエネルギー政策の枠組みの中で独立性と専門性を持って電力・ガスの取引の監視や行為規制を実施する機関とすることが適切であるとの考えに基づいています。このため、経済産業省から独立した国家行政組織法第３条に基づく委員会ではなく、同法第８条に基づく合議制の機関（８条委員会）として経済産業省に設置されています。

監視等委員会と資源エネルギー庁との関係は一般にはわかりにくいところですが、従来、資源エネルギー庁が政策と監視について実施してきたところ、小売全面自由化に伴い、監視の部分を資源エネルギー庁から分離し、実効的な監視を行うための独立性・専門性の高い組織として監視等委員会が設立されたという経緯があります。そのため、実際は相対的な部分もありますが大きく分けると、電力・ガス事業政策は資源エネルギー庁が担い、監視およびそれに必要なルール作りは監視等委員会が担うという役割分担になっているといえます。

今後

託送情報の漏えい問題などを受け、監視等委員会の監視体制についても強化が行われています。具体的には、事務局内に新たに総合監査室を新設することとし、情報管理や内部統制等に対する監査を強化するとともに、専門的知見を補うため今後の体制強化も検討することとされています。市場における健全な競争を確保する観点から、今後、監視等委員会の果たす役割はより一層重要性を増すものと思われ、そのための体制のあり方は重要な課題といえます。

7 システム改革後の電気事業法改正~GX推進法・GX脱炭素電源法に至るまで

ポイント
- 電力システム改革後、3度の電気事業法改正が実施
- 災害の激甚化/供給力等の維持・確保/GXがキーワード
- システム改革検証の議論も

システム改革後においても、不断の制度改革が実施されているところですが、電気事業法自体も3度にわたって改正が行われています。

(1) エネルギー供給強靭化法

２０１８年9月に北海道胆振東部地震が発生し、北海道全域が停電するブラックアウトが発生しました。その後も２０１８年の台風21号・24号、２０１９年の台風15号・19号等の大規模な台風が発生し、２０１９年の台風15号では千葉県の君津市で高さ45ｍと57ｍの鉄塔2基が倒壊するなど近年は災害が激甚化し、被災範囲も広域化しています。

また、太陽光を中心に導入が拡大している再エネの主力電源化に向けた政策対応の必要性が認識されていました。加えて、中東等の国際エネルギー情勢が変化・緊迫化し、それを踏まえた対応の必要性も認識されていました。

このため、２０２０年6月、エネルギー供給強靱化法が成立しました。具体的には、災害時の迅速な復旧や送配電網への円滑な投資、再エネの導入拡大等のための措置を通じて、強靱かつ持続可能な電気の供給体制を確保することを目的とした法改正が行われました。電気事業法に関する改正の概要については、**表１―４**をご参照ください。

表１－４　電気事業法改正部分の概要

①　災害時の連携強化
・災害時連携計画の策定（一般送配電事業者） ・相互扶助制度の創設（一般送配電事業者） ・データの活用（情報の目的外利用の例外）等
②　送配電網の強靭化
・プッシュ型のネットワーク整備計画の策定等 ・既存設備の計画的な更新の義務化 ・託送制度改革（レベニューキャップと期中調整スキーム）
③　災害に強い分散型電力システム
・配電事業ライセンスの創設 ・アグリゲーターライセンスの創設 ・計量制度の合理化

(2) 2022年改正

「2050年カーボンニュートラル」や2030年度の野心的な温室効果ガス排出削減目標の実現に向け、日本のエネルギー需給構造の転換を後押しすると同時に、安定的なエネルギー供給を確保するための制度整備を目的として、2022年5月に省エネ法等の一部を改正する法律が成立し、電気事業法の改正も行われました。

電気事業法改正部分は安定的なエネルギー供給の確保と関係するものですが、次の内容の法改正が行われ、それぞれ既に施行されています。

・発電所の休廃止についての「事前届け出制」

火力発電設備を中心に電源の休廃止が進んでいることを受け、事前届け出制とすることで電源の休廃止を国が事前に把握・管理し、必要な供給力確保策を講じるための時間を確保することを目的として、改正されました。供給力への影響が大きい10万ｋＷ以上の設備の休廃止（出力減少を含む）については９カ月前に、10万ｋＷ未満は10日前に経済産業大臣への届け出が求められています。

・供給力管理体制の強化

広域機関の目的に「電気の安定供給のために必要な供給能力の確保の促進」を加えるとともに、広域機関から供給計画に付して経済産業大臣に送付する意見に供給能力の確保のために必要な措置に関するものを追加し、経済産業大臣が電気事業者に供給計画の変更勧告を行うにあたり、当該意見を踏まえることが規定されました。

広域機関は既に容量市場の市場運営者となっていますが、今後は広域機関が供給能力の確保に果たす役割がより一層大きくなることを踏まえて、規定されたものです。

・系統用蓄電池を電気事業法上の「発電事業」へ位置づけ

これにより、系統用蓄電池も発電事業と同様の規律（退出時の事前届け出や需給逼迫時の供給命令等）に服することが明確になりました。

（3）GX推進法／GX脱炭素電源法

２０２２年７月に、日本の成長戦略としてのGX（グリーントランスフォーメーション）を進めるため、岸田総理を議長とし、経済産業大臣をGX実行推進担当大臣とする、GX実行会議が設置されました。GXとは、これまでの化石エネルギー（石炭や石油など）中心の産業構造・社会構造から、CO_2を排出しないクリーンエネルギー中心に転換することを意味し、脱炭素化社会の構築に向けて極めて重要な意義を有します。同会議においては２０２２年12月に、今後10年を見据えて、エネルギー安定供給・経済成長・脱炭素を同時に実現する政策をまとめたロードマップ「GX実現に向けた基本方針」がまとめられました。この基本方針においては、原子力を最大限活用する方針が示されており、規制基準適合審査等による長期の停止期間の扱いや最終処分場確保に向けた取り組みを前進させることのほか、次世代革新炉の開発・建設を進めることが明記されました。

この基本方針を受けて成立したのが、GX推進法とGX脱炭素電源法となります。概要は、それぞれ**表1―5**のとおりです。

GX推進法においては、今後10年間で20兆円規模のGX経済移行債の発行や成長志向型カーボンプライシング導入の道筋が示され、電気事業者にとっても大きなインパクトを与

表1－5　GX推進法・GX脱炭素電源法の概要

【GX推進法】	【GX脱炭素電源法】
・政府が脱炭素型経済移行推進戦略策定 ・GX経済移行債の発行を規定 ・GX経済移行債の償還財源として「炭素に対する賦課金」「排出量取引制度」の導入を規定 ・賦課金の徴収や排出量取引制度の運営を担うGX推進機構の設立を規定	・再エネ導入に資する系統整備のための環境整備。特に重要な送電線の整備計画を経済産業大臣が認定（電気事業法、再エネ特措法） ・地域と共生した再エネ導入のための事業規律強化（再エネ特措法） ・原子力利用の価値（安定供給、GXへの貢献等）、国・事業者の責務を明確化（原子力基本法） ・原子力発電所の運転期間40年、延長期間20年を基礎に、事業者が予見しがたい事由による停止期間を考慮した運転期間に見直し（電気事業法）

えるものといえます（カーボンプライシングについては、第5章5参照）。また、ＧＸ脱炭素電源法においては、原子力基本法で国・事業者の責務を明確化するとともに、従来は原子炉等規制法で定められていた運転期間制限の規定（40年間とし、20年を超えない期間で1回に限りこれを延長することができる）が、安全性の問題ではなく利用政策の問題であることを踏まえて、電気事業法に規定されることとなりました。具体的には、運転期間は40年とし、①安定供給確保、②ＧＸへの貢献、③自主的安全性向上や防災対策の不断の改善について経済産業大臣の認可を受けた場合に限り延長を認めることとされ、延長期間は20年を基礎として、原子力事業者が予見し難い事由（安全規制に係る制度・運用の変更、仮処分命令等）による停止期間を考慮した期間とされています。

第2章　供給力・調整力の確保

2020年代に入り、電力需給が逼迫する危機が3度、訪れました。効率が悪く競争力に劣る電源の休廃止が進んだこと、発電用燃料が不足していたことなど、複数の要因が絡み合って起きたことで、カーボンニュートラルを見据えながら供給力確保・維持に向けた制度面の手当てが必要になりました。また、太陽光や風力のように自然条件に左右される再生可能エネルギーの導入拡大により、電力ネットワーク全体の安定化を図るため、調整力の確保も重要な課題です。本章では、供給力と調整力の確保に向けた制度・政策を見ていきます。

1　全体像

(1)　供給力確保について

必要な供給力を確保することは、電力安定供給の大前提となります。自由化前は、総括原価により確実な投資回収が見込まれたため、必要な電源の建設が進められてきました。小売全面自由化後においても、競争により、必要な電源の維持や建設が進めばいいのですが、現実はなかなかうまくはいきません。

電源のコストは、固定費（発電設備の建設コスト等の電源が稼働しているか否かにかかわらず発生する費用）と可変費（燃料費等の電源の稼働に応じて発生する費用）に分かれます。可変費は、基本的には稼働をしなければ発生しない費用ですので、電源の建設や維持をするにあたっては、固定費の回収が見込めるか否かが重要となります。そのため、電源の固定費の回収を図ることを目的として作られたのが、容量市場です。容量市場は、電源を稼働できる状態に維持すること、これを「供給力（ｋＷ）を提供すること」といいますが、広域機関が供給力を調達し、その対価として、電源の固定費に見合う額の支払いを行うことを基本的なコンセプトとする市場となります。

この容量市場には、現状、次の類型があります（①、②および④については本章２、③については本章３参照）。

①メインオークション（実需給の４年前に開催され、４年後の１年間の供給力を確保するためのもの）
②追加オークション（実需給の１年前に開催され、１年後の１年間の供給力を確保するためのもの）
③長期脱炭素電源オークション（電源の新設・リプレースに特化したもの）

④特別オークション（調達不足の場合や事前に決まっていない政策的な対応が必要となった場合等に実施されるもの）

その他に、広域機関が実施する供給力確保の仕組みとしては、電源入札制度が存在します。これらの仕組みはあくまでもオークション（入札）を通じて必要な供給力（ｋＷ）を確保するものですが、発電事業は届け出制であり（第1章5参照）、発電設備を廃止するか否かは、基本的に発電事業者の経済合理的な判断に委ねられます。国全体としての必要な供給力を確保するためには、このような休廃止をあらかじめ把握し、必要な対応を講じる準備をする必要があります。そのため、２０２２年の電気事業法改正により、供給力に影響のある10万ｋＷ以上の発電設備の休廃止については、休廃止予定日の9カ月前までに届け出ることを義務づけることとされています。短期的に供給力が不足する場合、現状は、一般送配電事業者によるｋＷ公募が行われています。

加えて、将来的な需要増や大規模な電源脱落等、容量市場では想定していないリスク事象に対応するため、休廃止を予定している電源に対して、稼働の指示があれば、一定期間を経て稼働できる状態に維持することを求める予備電源制度の導入も決定されています（本章4参照）。

こういった枠組みにより、制度的に供給力（ｋＷ）の確保を図ることとされています。

(2) 調整力確保について

調整力については、２０２４年度から需給調整市場を通じて確保することとなっています（本章５参照）。一方で需給調整市場は、調整力を有する電源が存在することを前提として、週間以降で必要な調整力を確保するための市場となります。

調整力を有する電源を確保するという観点については、例えば、火力については、グリッドコードにより、新設にあたって調整機能を具備することが義務づけられており、長期脱炭素電源オークションでは、電源の特性として調整機能を持つことが可能な電源（火力・水力・揚水・蓄電池）については調整機能の具備が義務づけられている等、特に新たな供給力（ｋＷ）確保の際には一定の配慮がされています。ただし、調整力を有する電源の維持・確保に特化した仕組みがあるわけではありません。これは、現時点では国全体で必要な調整力が確保できているためですが、今後、太陽光・風力といった変動性再エネの導入がさらに進むことが見込まれることから、そう遠くない将来には調整力を有する電源の維持・確保に特化した仕組みの検討も必要となるものと思われます。

（3）供給力管理の高度化（電源版マスタープラン）

以上が供給力・調整力確保の仕組みについてですが、この前提として、中長期的に国全体として供給力・調整力がどこにどの程度必要となるのかといった検討・シナリオ作り（電源版マスタープランの作成）が必要となります。また、現行制度上、広域機関が毎年度とりまとめる供給計画は、10年間の電力需給見通しを示す一方、大規模な電源開発に有用な10年を超える先の見通しはなく、発電事業者が新規の電源投資を躊躇する一因になっているとも指摘されています。このため、電力・ガス基本政策小委員会において、「継続的に電力の安定供給を実現できるよう、国全体の供給力をよりきめ細かく把握しつつ、中長期的に必要な供給力を維持・開発していくための枠組みの形成に向けた検討を開始する」（今後の電力政策の方向性について中間とりまとめ）とされました。その後、エネ庁での勉強会を経て、2023年11月からは、広域機関において「将来の電力需給シナリオに関する検討会」が立ち上がり、まず手始めとして、計画的な電源投資の基礎となる、電力需要の見通しについての検討が開始されています。

中長期的な電力需給の想定は不確実性が高く難しいところですが、安定供給と両立した2050年カーボンニュートラルを実現するためには、国として計画的な脱炭素電源の導

図２－１

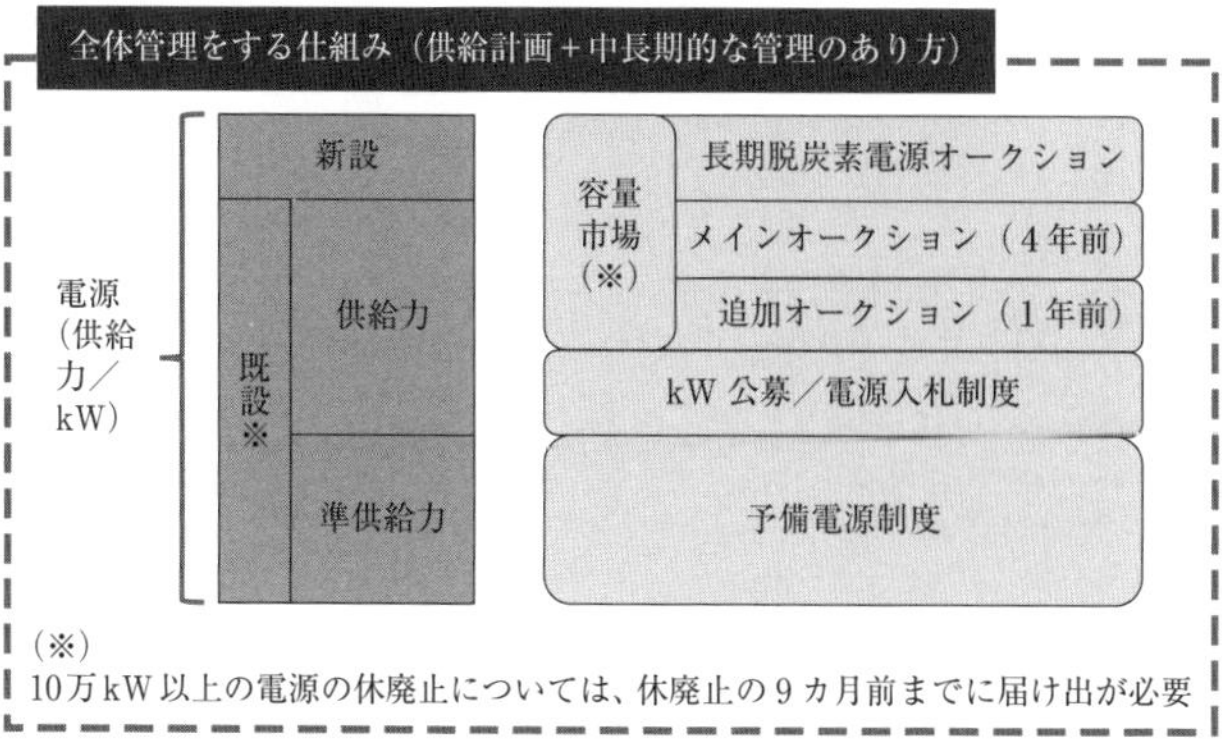

入と必要な供給力の管理が不可欠と思われます。電源版マスタープランの策定が着実に進むことが期待されます。

供給力確保とその管理の全体像については、**図２―１**をご参照ください。

(4) kWh（燃料）確保について

供給力（kW）・調整力確保の仕組みやあり方とは別に、kWh（燃料）の確保も重要となります。特に、日本は燃料調達を海外からの輸入に依存していますが、2050年カーボンニュートラルに向けて、中長期的な燃料消費量の不確実性が増加している中で確実な燃料調達をどのように確保していくのか、こちらについても、本章６において説明します。

2　容量市場（メインオークション／追加オークション）

ポイント
・必要な供給力を確保する手段
・広域機関によるオークションで供給力を調達
・小売電気事業者が容量拠出金を支払い

背景

小売全面自由化により、電源（発電所）の投資回収の予見性は、総括原価による確実な投資回収が見込まれた全面自由化前と比較して低下しています。加えて、ＦＩＴ制度等を通じて太陽光を中心に再エネの導入が進んでいますが、太陽光などは燃料費等がかからないことから限界費用が0円の電源といわれています。そのため、スポット市場においては競争力の高い電源となり、この電源の導入が進むとスポット市場の価格が低下することになります。そうなった場合、再エネのバックアップとして必要な火力電源等が競争力を失い、その稼働率が低下することが予想されます。また、優先給電ルールにより、エリア全体の供給量が需要量を上回る場合、太陽光や風力といった自然変動電源より先に火力電源を最低出力まで抑制することが求められます。このため、自然変動電源の導入が進むと、この点からも供給力として必要な火力電源等の稼働率が低下することが予想されます。

このような状況の下では、適切なタイミングにおいて発電投資を行う意欲を減退させる可能性があり、その結果、将来的に供給力が不足することで、市場価格が高止まり、適切な需給調整ができず、安定供給に支障をきたすおそれが生じることになります。

概要

前記の背景を踏まえ、効率的に中長期的に必要な供給力を確保するための手段として、容量市場が導入されることになりました。

(1)　全体像

容量市場においては、市場の運営主体である広域機関が一括して必要な供給力をオークションにより調達することになります。調達する供給力の確保期間は、長期脱炭素電源オークションを除いて年度単位とし、実需給の4年前にメインオークションを行い、1年前に追加オークションを行います（以下、供給力の確保期間を年度単位とするオークションを総称して「メインオークション等」）。

〈対象電源等〉

メインオークション等に参加するには参加登録が必要となりますが、1000kW以上の電源（自家発電源を含む）のみならず、DR（ピーク時間帯等必要な時に需要サイドをコントロールすることにより供給力を供出するデマンドリスポンス）や変動電源も1000kW以上にアグリゲート（集約）すれば、参加登録が可能となります（以下参加登録が認められるものを「電源等」）。

〈入札価格〉

・上限価格

メインオークション等における入札にあたっては、上限価格が設定されますが、指標価格（Net CONE）の1・5倍とされています。指標価格とは、最も効率的な電源（ガスタービン・コンバインドサイクル発電＝GTCC）を前提として、その電源の固定費（建設費および維持・管理費）から、容量市場以外の他市場から見込まれる固定費に充当可能な収益（以下「他市場収益」）を控除した、1年間で回収が必要なkWあたりの価格をいいます（現在は、40年運転を前提として設定されています）。

・市場支配力を有する事業者の入札規律・監視

原則として、５００万ｋＷ以上の発電規模を有する事業者に対しては、①売り惜しみ防止の観点から、すべての電源を期待容量どおりに応札することが求められ、かつ、②価格つり上げ防止の観点から、新設電源を除き、維持費から他市場収益を控除した価格で入札することが求められます。併せて、監視等委員会により、①売り惜しみおよび②価格つり上げ防止の観点から事前／事後に監視が行われます。

〈約定価格の決定方法〉

約定価格は、応札価格の安い電源の順に並べて、あらかじめ広域機関が設定する目標調達量等を踏まえて策定した需要曲線の交点が約定価格となります（**図２―２**参照）。

目標調達量は、4年後の想定需要に加えて、猛暑や厳冬などの突発的な気象変化による需要変動や発電所のトラブルが発生するリスク等を加味して設定されます。

〈落札者が得られる収入・求められる対応等〉

落札した電源等の事業者は、広域機関と容量確保契約を締結し、実需給の断面において

図２－２　約定価格決定のイメージ

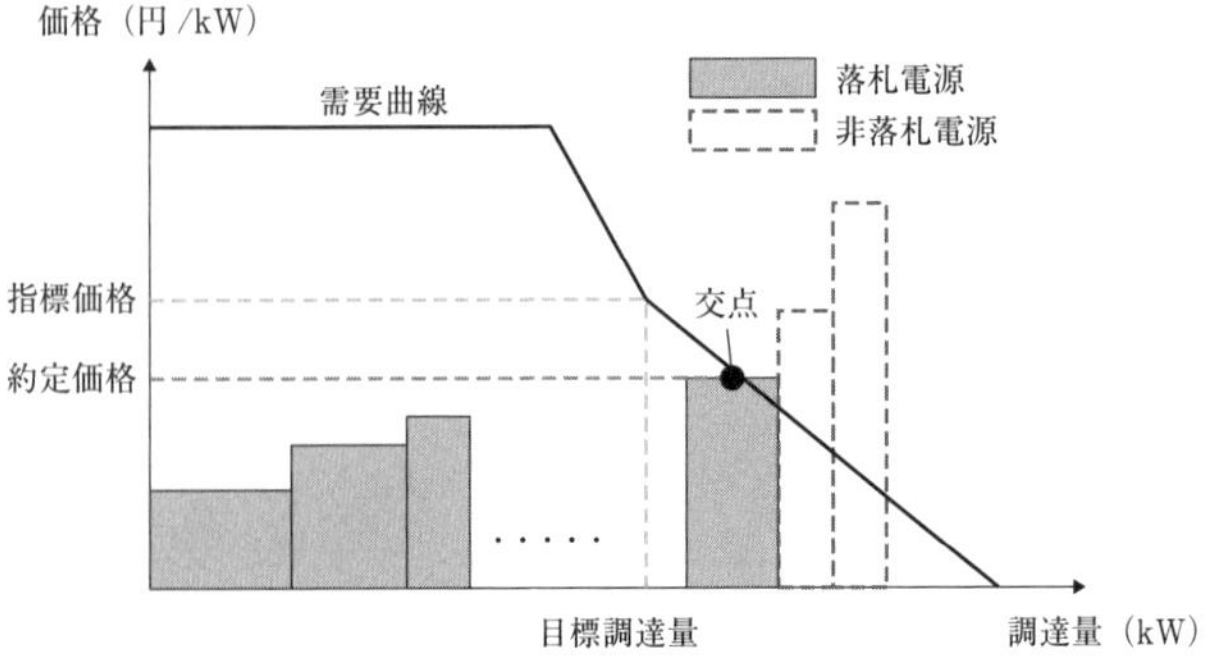

出所：広域機関ホームページ

ｋＷ価値を広域機関へ提供し、その対価として、広域機関から容量確保契約に基づきオークションにより落札した金額（以下「容量確保契約金額」）が支払われます。ただし、この容量確保契約には、従うことが求められるリクワイアメントとそれに違反した場合のペナルティが定められています。容量確保契約金額は、金銭的ペナルティが科された場合、その分減額されます（年間の上限額は容量確保契約金額の１１０％となっているため、場合によっては落札した電源等の事業者が支払いをすることもあり得ます）。また、２０２１年度メインオークションから非効率な石炭火力については、設備利用率に応じて減額を行うインセンティブ措置として、設計効率の悪い（超々臨界圧・ＵＳＣ並みの発電効率42％未満）石炭火力を対象とし、50％超の設備利用率だった場合、20％の減額が行われています。

〈小売電気事業者等による負担〉

小売電気事業者は実需給の断面において、一般送配電事業者および配電事業者の負担分を除き、広域機関の定款に基づき、販売電力量に応じて容量拠出金を支払うことになります（※）。この容量拠出金の支払いについては、いわば会費としての性質を有しており、電気事業法上、小売電気事業者が負っている供給力確保義務（電気事業法第２条の12）履行のための手段として位置づけられることになります。すなわち、容量拠出金を支払えば、小売電気事業者は供給力確保義務を履行したとみなされることになります。

この容量拠出金の負担については、自らが需要家に供給する電力に対応する固定費は自ら負担すべきという基本的な考え方に則っており、これ自体本来はあるべき姿といえます。もっとも、１００％ＪＥＰＸのスポット市場で電力を調達していた事業者等、これまで自らが販売する電力に対応する固定費を負担していない事業者の場合は、従来と比較して負担が増えることになります。

容量市場における契約関係は、**図２―３**のとおりです。

（※）２０２０年度に開催された初回メインオークションにおいては、小売電気事業者による

図２－３　容量市場における契約関係

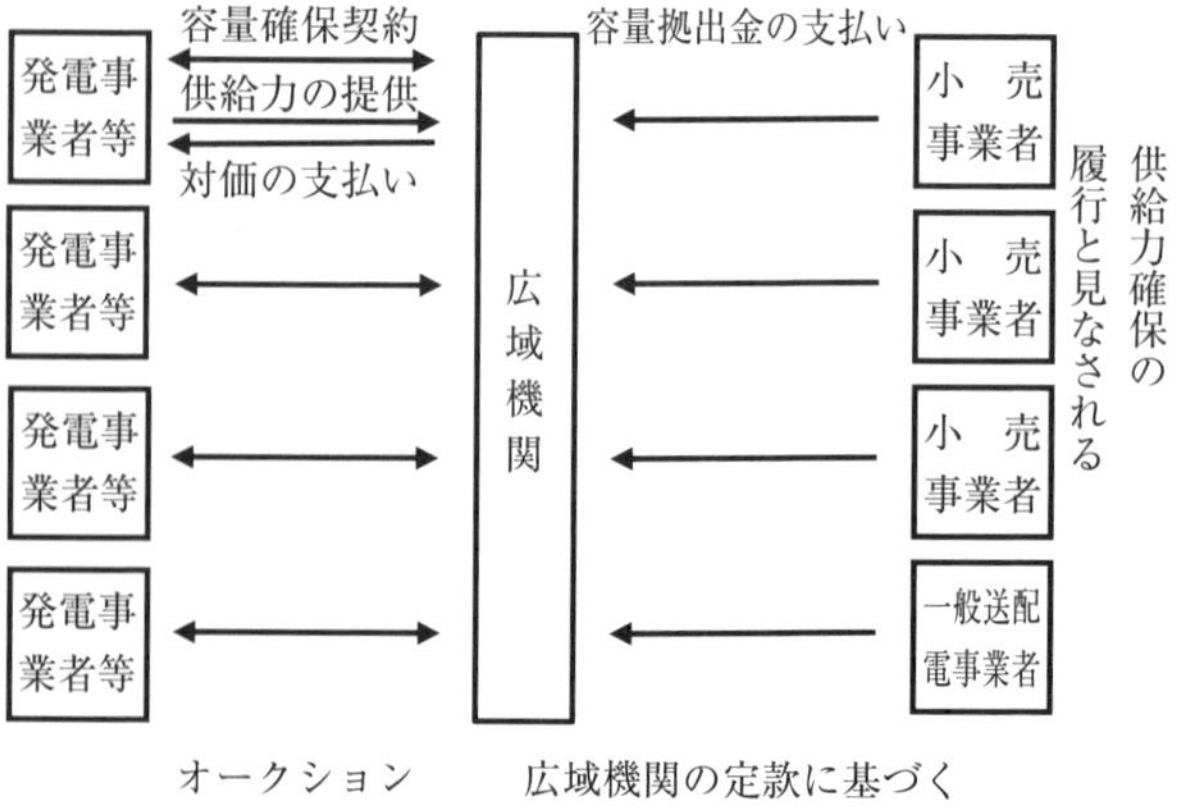

負担の激変緩和措置として、２０１０年度以前に建設された電源については一定の控除率を設定して支払額を減額することとされていました。２０２１年度以降のメインオークションは、この経過措置が廃止され、それに合わせて、経過措置が適用された容量収入のみでは電源の維持が難しい電源について、電源を維持する目的で認めていた経過措置による控除率の逆数をかけて入札をする逆数入札も廃止されました。そして、新たな激変緩和措置として、①２０１０年度以前に建設された電源を対象とした減額、②入札内容に応じた減額をあわせて導入することになりました。②については、各エリアにおいてメインオークション応札時の

応札価格が当該エリアの約定価格に入札内容に応じた控除額係数を乗じた価格以下の電源を対象として減額することとされています。具体的な減額割合については、2026年度（実需給2030年度）には0％となり、それまでの間に徐々に減らしていくこととされていますが、2023年度（実需給2027年度）のメインオークションにおいては、①の電源は4・5％の減額とされ、②は約定価格に89・2％（入札内容に応じた控除額係数）を乗じた額となっています。

（2）相対契約のあり方

容量市場の導入により、相対契約についても容量市場からの収入を踏まえた内容とすることが必要となります。

・基本的な考え方

その方法としては、大きく分けて、①経済的ペナルティを控除する前の容量確保契約金額を控除して相対契約の価格を決める方法と、②容量確保契約金額を控除せずに、相対契約の価格を決めつつ、実需給断面での容量確保契約金額が確定した時点で、当該容量確保契約金額に相当する金額を相対契約の価格から控除するという方法が考えられます。

・ペナルティが科されることにより容量市場からの受取額が減少する場合の考え方

容量市場では、容量確保契約を締結した事業者に対して、容量確保契約金額が契約単価に契約容量を乗じた金額（経過措置対象である場合は、経過措置による減額を控除した後のもの）の全額となる場合もあれば、ペナルティが科されることにより、全額ではなく一部となる場合もあります。

小売電気事業者が支払う容量拠出金は、ペナルティが科される前の容量確保契約金額の全額を支払うことを前提とした金額となるため、小売電気事業者としては、本来このリスクは発電事業者が負うべき（本来受け取ることができた容量確保契約金額の全額に相当する金額を控除）と考えるところです。他方、発電事業者としては、ペナルティを科されたことにより容量市場で受け取れなくなった場合、固定費が回収できなくなるといった問題も生じうるところです。

このペナルティを科されたことによるリスクを発電側、小売り側どちらの負担とすべきかという点については、きちんと合意しておくことが必要となります。

・メインオークション等へ入札すべきか、落札されなかった場合のリスク分担のあり方

メインオークション等においては、入札の義務はないことから、長期契約を締結してい

る等、相対契約に基づく受給期間が契約締結時点で入札が実施されていない年度のものも含む場合、入札をするか、どのような入札行動をするか、といった点も含めて、合意しておくことが考えられます。

また、前記の合意をしたにもかかわらず、入札しなかった場合や入札したものの落札されなかった場合のリスク分担については、それが合意した内容を逸脱したことによる場合は、発電事業者がリスクを分担すべき（落札すれば受け取ることができた容量確保契約金額の全額に相当する金額を控除する）といえますが、そうでない場合は、発電事業者のみがリスクを負うというのは適切ではないと思われます。

(3) メインオークションの結果

メインオークションについては、脱稿時点で計4回開催されており、それぞれ**表2―1**のとおりです。

メインオークション等における限界

メインオークション等については、年度ごとに必要な供給力を確保・管理する仕組みと

表２－１

	約定総容量（kW）	約定価格（円／kW）	約定総額（円）
2020年度（2024年度向け）	約１億6,769万	14,137	約１兆5,987億
2021年度（2025年度向け）	約１億6,534万	3,495（※１）	約5,140億
2022年度（2026年度向け）	約１億6,271万	5,832（※２）	約8,540億
2023年度（2027年度向け）	約１億6,745万	7,638（※３）	約１兆3,140億

（※１）北海道・九州管内：5,242円
（※２）北海道管内：8,749円、東北管内：5,833円、東京管内：5,834円、九州管内：8,748円
（※３）北海道管内：13,287円、東北管内：9,044円、東京管内：9,555円、中部管内：7,823円、九州管内：11,457円
出所：制度検討作業部会資料を基に作成

しては重要な役割を果たすものですが、もともと、既設電源の維持のみならず、電源の新設を促すことも念頭に置かれていました。もっとも、メインオークション等は、供給力の提供期間を1年としてオークションが実施され、かつ1年ごとに落札の可否や落札金額が変動することから、電源の新設を促すことにはつながらないという限界がありました。

この課題を解決するために制度設計が行われたのが、次に解説する長期脱炭素電源オークションです。

3　容量市場（長期脱炭素電源オークション）

ポイント
・脱炭素電源の新設／リプレースを促すため、長期間安定した収入を確保するための仕組み
・2024年1月に初回オークションを実施
・第2回以降は、既設未稼働原子力を対象とする方向へ

背景

２０５０年カーボンニュートラルに向けては脱炭素電源への投資が不可欠です。一方で、メインオークション等では収入が最長でも4年後の1年間しか見通せず、約定価格の変動も大きいことから、長期的に安定した電源投資回収の予見性が見込めないといった課題があります。そのため、脱炭素電源への投資を促すことを目的に、固定費水準の収入を投資回収期間にわたって確保する仕組みとして容量市場（長期脱炭素電源オークション）

が創設されました。

概要

初回オークションは、2023年度（2024年1月）に実施されました。

本章1でも説明したとおり、長期脱炭素電源オークションは容量市場の一類型として設計されており、基本的な構造は共通しますが、メインオークション等とは制度趣旨を踏まえて異なる点も多くあります。

すなわち、長期脱炭素電源オークションは、電源投資の予見性を高める観点から、メインオークション等とは異なり、他市場収益（長期脱炭素電源オークション以外の他市場から見込まれる固定費に充当可能な収益）は入札価格に考慮せず、電源の固定費（建設費、維持・運営費）相当額以下での入札をすることが求められます（※）。他方で、容量確保契約金額の原資はメインオークション等と同様に小売電気事業者等が負担する容量拠出金となり、最終的には電気料金という形で国民負担となることを踏まえ、実際に得た他市場収益については、原則90％の還付を求めることとされています（**図2－4**参照）。

このように長期脱炭素電源オークションは、ダウンサイドの手当てをする代わりに、ア

図2－4

〈落札電源の収入〉

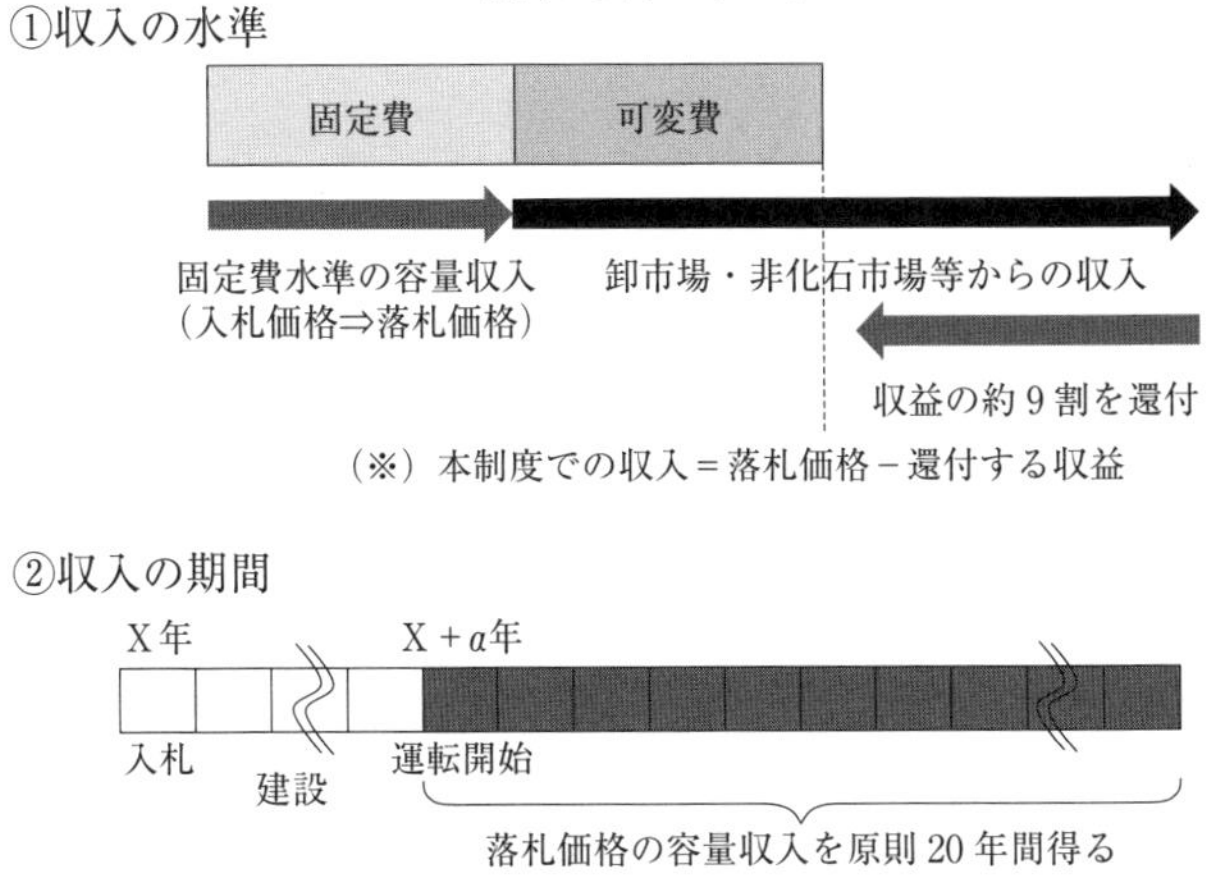

ップサイドに一定の制限を設けるという思想で設計されているものです。

また、供給力の提供が求められる期間は、20年以上で入札者が任意に決定する期間とされています。供給力提供の対価として、容量確保契約金額が毎年固定的に支払われることになり、これにより、長期間安定した固定費相当額の収入を得ることが可能となるよう設計されています。

（※）監視等委員会による監視の対象となります。

〈対象〉

脱炭素電源（※）の新設／リプレースへの投資と既設の水素（10％以上）・アンモニア（20％以上）混焼およびバイオマス専

焼に向けた投資が対象となります。
また、緊急の電源投資枠として、ＬＮＧ火力への投資についても時限的に3年間対象とされています。

（※）初回オークションでは、再生可能エネルギー（太陽光／風力／地熱／バイオマス／水力＝揚水含む）、水素（10％以上）、蓄電池、原子力が対象とされています。今後は、コストの実績等が出てくれば、新たな脱炭素電源（ＣＣＵＳ付き火力など）が幅広く対象となることが見込まれるところです。

〈オークション方式・上限価格〉

オークション方式は、メインオークション等とは異なり、マルチプライス方式となります。また、上限価格は電源種別ごとに設定され、電源種別の標準的な固定費の1・5倍とされています。初回オークションは10万～約3・6万円／ｋＷ／年の範囲で設定されています。なお、実際に容量確保契約金額として落札者に支払われるのは、実際に得た他市場収益を控除した後の金額となります。あくまでも過去実績に基づく試算となりますが、実際に得た他市場収益を控除した後の金額は、メインオークションにおける落札価格と大きく変わらない水準となっています。

〈募集量〉

募集量は毎年オークションの前に決定されますが、初回オークションは脱炭素電源が４００万ｋＷとされています。これは、足下の約１・２億ｋＷの化石電源をすべて脱炭素電源に置き換えていくとすると、年平均で６００万ｋＷ程度の導入が必要であるところ、今後のイノベーションにより効率的に導入する可能性があること等を踏まえ、スモールスタートとする方針に基づくものです。

また、揚水・蓄電池は直接電気を生み出すものではないこと、また、既設電源については新たに供給力を生み出すものではないことから、それぞれ原則１００万ｋＷが上限とされています。

緊急の電源投資枠としてのＬＮＧ火力については、脱炭素電源とは別途、３年間で６００万ｋＷとされています。

〈最低入札容量〉

一定規模以上の投資を対象とする観点から原則10万ｋＷ以上を対象とし、例外的に、既設水素・アンモニア混焼については当該水素・アンモニア混焼部分が5万ｋＷ以上、揚水・蓄電池については蓄電池の実態を踏まえて1万ｋＷ以上とされています。

〈リクワイアメント〉

基本的には容量市場のメインオークションと同様となりますが、次のような違いがあります。

まず、新設／リプレースを対象とすることを踏まえて、電源種別ごとに定められる供給力提供開始期限までに供給力を提供開始すること等が求められます。また、脱炭素電源への投資を促す趣旨に鑑み、水素・アンモニアやバイオマスについては脱炭素燃料で発電することを基本とし、変動電源（流れ込み式水力、太陽光や風力）については、過去実績等を踏まえて設定される最低設備稼働率を満たすことが求められています。加えて、混焼となる電源やLNG火力については、2050年までの脱炭素ロードマップを作成し、それを順守することが求められています。ただし、LNG火力についてはLNG火力としての入札を認めていることを踏まえ、脱炭素ロードマップについては、供給力の提供開始から10年後以降に脱炭素化を開始する内容とすることが認められています。

相対契約との関係

長期脱炭素電源オークションの下でも相対契約を締結することが認められます。ただし、長期脱炭素電源オークションでは、実際の他市場収益について原則90%の還付が求められるものの、相対契約の価格を意図的に低くすることで他市場収益を意図的に発生させないことが可能となります。そのような潜脱行為を防止する観点から、相対契約についてはー定の規律を設けることとされています。

具体的には、①内外無差別で卸売りをしていること、または、②市場価格の水準に比して不当に低くない水準（※）以上であることが求められています。ただし、内外無差別の自主的なコミットメント（第3章3参照）が求められている事業者については、②は適用されません。

（※）相対契約の供給期間と同じ長さの過去の市場価格の平均価格または相対契約の契約期間に含まれる各年度の市場価格の平均価格

今後

第2回オークションに向けた検討が既に開始されており、主に次の項目が検討課題として挙げられています。

・水素・アンモニアの上流側コストのうち、固定費にあたる部分の取り扱い初回オークションでは、海外における水素製造設備は、通常は燃料費として整理されることを踏まえ、対象外と整理されていたものです。

・合成メタンやCCS付き火力の上限価格やリクワイアメント、検討タイミング等

・既設原子力において対象とする具体的な安全対策投資の範囲や上限価格等

既設原子力の安全対策投資を対象とすることで投資回収の予見可能性を確保することは、制度趣旨に合致するとして、長期脱炭素電源オークションの対象に含める方向で整理されており、今後、その詳細が議論される予定となっています。

・FIT・FIP制度でも対象となっていない3万kW以上10万kW未満の一般水力の新設／リプレース案件の追加

今後も、脱炭素電源への投資を着実に進めるため、実態を踏まえて、長期脱炭素電源オークションをはじめとした環境整備が進むことが期待されます。

4　予備電源制度

ポイント
・容量市場ではカバーできないリスクへの対応であり、「準供給力」として位置づけ
・予備電源制度は、休止電源の休止状態維持に必要な費用を手当てするもの
・導入時期は、現時点では未定

背景

発電所は、いったん廃止（再稼働を想定しない休止を含む）をしてしまうと、機動的な立ち上げが困難であり、場合によっては腐食等が進み、立ち上げ自体ができないこともあります。必要な供給力は、基本的には容量市場で確保することが想定されているものの、大規模災害や将来的な需要増等の容量市場が想定していない事象へ対応し、安定供給に万全を期するためには、供給力の外枠の電源であっても、一定のものについては最低限維持をさせ、必要なときに立ち上げることができる仕組みが必要といえます。そのため、休止

電源についてその維持に必要な費用を手当てすることで、必要なときに再稼働を可能とすることを目的として、予備電源制度の検討が進められています。

予備電源制度は、必要供給力と容量市場の調達量との差分に対するリスクに対する保険としても位置づけられています（図2―5参照）。

概要

予備電源制度は、再稼働を行うために休止の期間に必要な維持費を手当てする制度ですので、廃止せずに休止状態を維持することを求める予備電源の調達と、調達した予備電源の再稼働（立ち上げ）は別プロセスとなります。予備電源制度は、基本的には前者の予備電源の調達に関する制度となりますが、立ち上げプロセスとは連続性があるため、立ち上げプロセスを踏まえた制度設計が進められています。

〈実施主体〉

予備電源は、供給力が不足した際に開催されるオークション・公募等で落札し、稼働に至ることで供給力の内数となることから、「準供給力」として位置づけられています。このような位置づけを踏まえ、予備電源の調達等のプロセスの実施主体は、供給計画のとり

図２－５

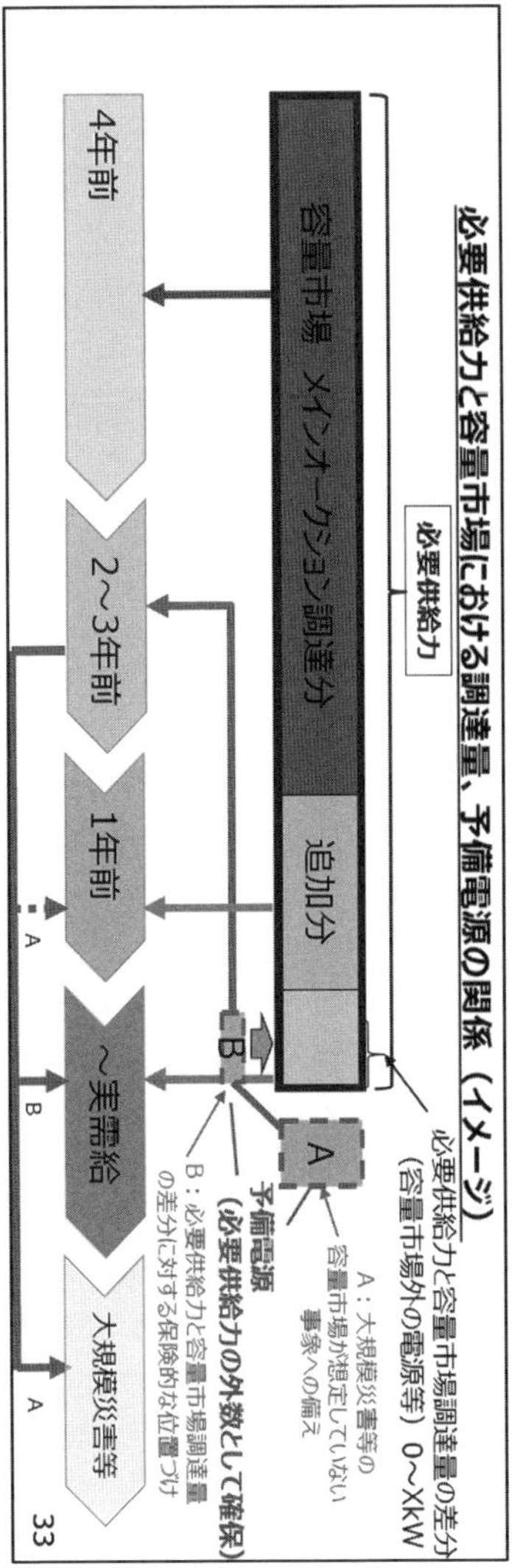

出所：制度検討作業部会 第十三次中間とりまとめ

まとめを実施するなど全国大での供給予備力の評価等に知見がある広域機関が予定されています。

〈対象電源・調達エリア〉

一般的に休止をする電源は、休止後からの期間が長くなるほど再稼働に要する期間や費用がかかることになりますが、あまり早期に予備電源の対象とした場合、電源の退出を過度に促す懸念も生じるところです。このため、対象電源は、容量市場において2年連続で不落札または未応札の電源とされています。調達エリアは、広域調達を基本としつつ、連系線制約の状況等を踏まえ、東エリア（北海道、東北、東京）と西エリア（中部、北陸、関西、中国、四国、九州）に分けることを基本として検討が進められています。

〈募集区分・募集量〉

一概に休止電源といっても、設備の状況や定期点検・修繕等を事前にしているか否かによって立ち上げに必要な費用や期間が異なるところです。そのため、立ち上げに必要な定期点検・修繕等を事前に済ませておくことで、短期（3カ月程度を念頭）での立ち上げを想定する電源（以下「短期立上電源」）と、立ち上げが決まった後に必要な修繕等を行い、長期（10カ月～1年程度を念頭）での立ち上げを想定する電源（以下「長期立上電源」）

の区分に分ける形が基本とされ、短期立上電源は１００万～２００万ｋＷ程度、長期立上電源は２００万～３００万ｋＷ程度の調達が予定されています。

〈対象費用・負担方法〉

予備電源で手当てすべき費用は、休止措置（防錆措置等）と休止状態の維持に係る費用とされており、短期立上電源については、短期３カ月程度での立ち上げが求められることから、必要に応じて事前に行う定期点検・修繕等の費用も手当てすべき費用に含むこととされています。具体的には、最低限の人件費・修繕費・税金・発電側課金（ｋＷ課金）等とされています（※）。また、応札時に想定して価格に織り込んでいた修繕が未実施だった場合、当該費用の精算を行うこととされています。

費用負担は、予備電源制度が容量市場の外側から安定供給を支える制度であることを踏まえ、託送負担とされています。

（※）監視等委員会による監視の対象とされています。

〈募集方法・制度適用期間〉

募集方法は入札方式ですが、約定電源の決定方法は、立ち上げ時まで含めた社会コストを低減させるという観点から、予備電源としての休止維持コスト等に加え、想定立ち上げコストについても評価することとされていることなどから、総合評価方式となります。

また、制度適用期間は、立ち上げプロセスに応札可能な状態で休止している期間とし、事前の修繕等により立ち上げプロセスへの応札ができない期間は、制度適用期間に含めない方針が示されています。また、制度適用期間の終期は最大3年として、事業者の選択に委ねることとされています。

〈リクワイアメント〉

予備電源制度は、供給力の不足が見込まれる場合に必要な電源を立ち上げられるようにすることを目的とした制度であるため、基本的なリクワイアメントとしては、供給力不足が見込まれた際に開催される立ち上げプロセスへ応札することとされています。具体的な立ち上げプロセスとして現状では、短期立上電源は一般送配電事業者が実施する供給力公募（kW公募）が、長期立上電源は容量市場の追加オークションが想定されています。ただし、2021年度（実需給2025年度）以降のメインオークションでは、短期での立ち上げが可能な電源やDR等メインオークション後に稼働する電源もあることを踏まえて、全量調達せず一定量（H3需要の2%分）を追加オークションで調達することとされているところ、これらの電源等の予見性を高め、電源の新陳代謝を促す観点から、容量市場への参加が認められるのは、追加オークション前の供給力確保量と、追加オークションでの目標調達量の差分が一定量（Ｈ３需要の２％分）を上回っている場合に限られるとされています。また、修繕工事等を行っている場合や、想定外の設備不具合等により長期間稼働できず、立ち上げプロセスへの応札を求められても対応できない場合については、あらかじめ制度実施主体等に適切に連絡していることを前提にペナルティを科さないこととされています。

以上の立ち上げプロセスへの応札に加えて、予備電源の制度趣旨を踏まえ、緊急時の立ち上げ要請に従うことや制度適用期間中に休止状態を維持し続けることが求められます。加えて、前記のとおり、予備電源制度は再稼働を行うために休止の期間に必要な維持費を手当てする制度であり、予備電源の調達とその立ち上げは別プロセスとされているところですが、制度の信頼性を確保する観点から、立ち上げプロセスへの応札価格については予備電源応募時に提出する想定立ち上げコストを大きく逸脱しない範囲で設定することが求められています。

今後

現在も制度検討作業部会において、詳細な制度設計が進められています。電力自由化時代における安定供給の確保は、極めて重要な課題です。今後も、制度趣旨に沿った検討が進むとともに、早い時期での導入が期待されます（本稿の脱稿時点では具体的な導入時期は決まっていません）。

5　需給調整市場

ポイント

・調整力公募（年間調達）から需給調整市場（週間調達）へ
・段階的に広域運用・広域調達を実施。調達不足・調達価格の高額化の課題も
・2024年度の調整力から全商品の取引開始

背景

従来、最終的に需要と供給を一致させるために必要な調整力（⊿kW）は、一般送配電

事業者が自ら実施する調整力公募により調達していました。調整力公募は実務面の制約から年間調達が基本となっていますが、これによって、電源等の余力を提供することができず調整力市場の活性化が図られない、実際の需給を反映した調整力コストとなっていない、といった課題がありました。また、調整力公募は一般送配電事業者ごとに実施されているため、広域的な調整力の融通を基本的に想定しておらず、広域メリットオーダーが図られていないのではないか、といった課題も指摘されていました。

概要

これらの課題に対処するため、導入されたのが需給調整市場です。

〈「⊿ｋＷを取引する」ことの意味〉

需給調整市場は⊿ｋＷを取引する市場です。「⊿ｋＷを取引する」とは、次のような状態をいいます。

①売り手

⊿ｋＷを発電事業者などの電源等の保有者が当該提供をする時間帯に商品ごとに必要な能力を持った調整電源を落札した量、買い手が調整できる状態に維持し、指令を受けた場

合はそれに応じる義務を負うこと（この義務を履行したことによる対価を受領）

②買い手

一般送配電事業者が⊿ｋＷを調達した時間帯に必要な能力を持った調整電源を調達した量、買い手が調整できる状態で確保し、必要なときに指令できる権利を持つこと（この権利を取得したことによる対価を支払い）

なお、実際に調整力として発動した場合に生じた電力量（ｋＷｈ）に対しても対価が発生し、これが２０２２年度以降のインバランス料金の指標となります（インバランス料金については、第４章６参照）。

〈運営主体、調達主体・参加資格〉

需給調整市場の運営は、一般送配電事業者が電気事業法上周波数の維持義務（努力義務）を負うこと（電気事業法第26条第1項）を踏まえて、各一般送配電事業者（沖縄電力を除く）による民法上の組合が「電力需給調整力取引所」として行っています。実際の市場運営については、当該組合から業務委託を受けた送配電網協議会（※）の需給調整市場運営部が行っています。２０２４年４月には法人化され、「一般社団法人電力需給調整力取引所」が運営主体となります。

調達主体は、各一般送配電事業者（沖縄電力を除く）となっています。参加資格については、純資産１０００万円以上であることが求められています。２０２４年１月29日現在、59社が取引会員となっています。

（※）送配電事業の一層の中立性・透明性を確保する観点から、２０２１年４月に発足した一般送配電事業者による独立した運営組織で、一般送配電事業者10社が会員となっています。

〈調達時期、運用・調達の基本〉

需給調整市場は、前日に入札を実施する三次調整力②（後述）を除き、実需給の１週間前に入札が実施されます。年間調達と比較して、調整力コストに実際の需給をより正確に反映することが可能となり、小売供給だけでなく、調整力まで含めた電力市場全体の競争活性化が見込まれることになります。容量市場への参加がメインとなると思われるものの、ＤＲの参入も従来と比較して容易になるといえます。

また、需給調整市場では、広域運用・広域調達を段階的に実施しています。これにより、広域化によるメリットオーダーの最適化、調達量そのものの減少が図られることになります。

〈商品〉

需給調整市場の商品は、需給バランスの調整に必要な応動速度や時間に応じて5つに分かれています。概要は**表2―2**のとおりですが、三次調整力②は、前日の朝からゲートクローズ（GC＝計画提出期限である実需給の1時間前）までの予測誤差の調整を目的としたものであり、GC以降の誤差を調整する他の調整力とは、性質が異なります（※）。

（※）計画値同時同量制度（第4章7背景参照）の下では、基本的にはGCまでは、小売電気事業者と発電事業者が調整して需給の一致を図り、GC以降に生じる誤差・変動については一般送配電事業者が確保している調整力で対応することが想定されています。

もっとも、FIT制度の下においては、2017年3月までは小売電気事業者等が買い取り義務を負っていましたが、再エネ事業者が実質的にインバランス負担をしないために設けられたFITインバランス特例①においては、前日の午前6時に一般送配電事業者から計画値が小売電気事業者に通知され、それ以降変更することは基本的には想定されていません。

また、現在は一般送配電事業者等が買い取りを行うこととなっていますが、この場合でも買い取った電力はスポット市場を介してまたは特定卸供給として小売電気事業者に供給することが必要となり、同様に計画値の設定が必要となります。このため、一般送配電事業者も計画値を策定することが必要となり、インバランス精算に準じた会計整理等や計画発電量の設定を行うためにＦＩＴインバランス特例③が設けられています。これも同様に前日朝の時点以降は計画値を変更することは基本的に想定されていません。

このように、ＦＩＴインバランス特例①および③においては、ＧＣ前に計画値が決定するため、決定された計画値とＧＣまでの予測誤差を調整する仕組みが必要となり、それを三次調整力②が担うことが想定されています。

今後

２０２４年度からすべての商品の取引が開始されます。現在、三次調整力①と三次調整力②の取引が実施されていますが、大きく分けて、調達未達の発生と調達費用の増加という２つの課題が生じています。これらを踏まえて、足下では、それぞれ次の取り組みが実施されています。

①調整力必要量の効率化

②価格規律の見直し（限界費用の考え方・卸電力市場（予想）の考え方・起動費等の計

二次調整力②	三次調整力①	三次調整力②
Frequency Restoration Reserve (FRR)	Replacement Reserve (RR)	Replacement Reserve-for FIT (RR-FIT)
オンライン (EDC 信号)	オンライン (EDC 信号)	オンライン
オンライン	オンライン	オンライン
専用線　または 簡易指令システム※6	専用線　または 簡易指令システム	専用線　または 簡易指令システム
5分以内	15分以内	45分以内
30分以上	商品ブロック時間 (3時間)	商品ブロック時間 (3時間)
任意	任意	任意
専用線：数秒～数分 簡易指令システム： 5分※6	専用線：数秒～数分 簡易指令システム： 5分※5	30分
専用線：1～5秒程度 簡易指令システム：1分※6	専用線：1～5秒程度 簡易指令システム：1分	1～30分※4
5分以内に 出力変化可能な量 (オンラインで調整可能な幅を上限)	15分以内に 出力変化可能な量 (オンラインで調整可能な幅を上限)	45分以内に 出力変化可能な量 (オンライン (簡易指令システムも含む) で調節可能な幅を上限)
専用線：5MW 簡易指令システム：1MW※6	専用線：5MW 簡易指令システム：1MW	専用線：5MW 簡易指令システム：1MW
1kW	1kW	1kW
上げ／下げ	上げ／下げ	上げ／下げ

表２－２　需給調整市場の商品の概要

	一次調整力	二次調整力①
英呼称	Frequency Containment Reserve（FCR）	Synchronized Frequency Restoration Reserve（S-FRR）
指令・制御	オフライン（自端制御）	オンライン（LFC 信号）
監視	オンライン（一部オフラインも可※2）	オンライン
回線	専用線※1（監視がオフラインの場合は不要）	専用線※1
応動時間	10秒以内	５分以内
継続時間	５分以上	30分以上
並列要否	必須	必須
指令間隔	－（自端制御）	0.5～数十秒※3
監視間隔	１～数秒※2	１～５秒程度※3
供出可能量（入札量上限）	10秒以内に出力変化可能な量（機器性能上の GF 幅を上限）	５分以内に出力変化可能な量（機器性能上の LFC 幅を上限）
最低入札量	5MW（監視がオフラインの場合は1MW）	5MW※1,3
刻み幅（入札単位）	1kW	1kW
上げ下げ区分	上げ／下げ	上げ／下げ

※１　簡易指令システムと中給システムの接続可否について、サイバーセキュリティの観点から国で検討中のため、これを踏まえて改めて検討。
※２　事後に数値データを提供する必要有り（データの取得方法、提供方法等については今後検討）。
※３　中給システムと簡易指令システムの接続が可能となった場合においても、監視の通信プロトコルや監視間隔等については、別途検討が必要。
※４　30分を最大として、事業者が収集している周期と合わせることも許容。
※５　簡易指令システムの指令間隔は広域需給調整システムの計算周期となるため当面は15分。
※６　休止時間を反映した簡易指令システム向けの指令値を作成するための中給システム改修の完了後に開始。
注）全ての商品において、商品ブロック単位（３時間／ブロック）で取引される。
出所：広域機関　需給調整市場検討小委員会資料を基に作成

上、入札のあり方・固定費の織り込み可否、上限価格の設定等）

また、入札者からは前記の課題が生じている原因として、週間調達だと自社の卸売先の供給量が確定していない中で調整力の供出可否の判断が困難であるという声も聞かれることを踏まえると、取引のタイミングをより実需給に近づける取り組みが根本的な対応策として考えられるところです。現在、前日以降の段階でｋＷｈと調整力（⊿ｋＷ）を同時に調達する同時市場の検討が進められていますが（第3章6参照）、将来的な制度の方向性も見据え、需給調整市場においても取引タイミングを週間調達から前日調達へ変更する方針が示されました。ただし、システム改修に一定の期間がかかることから、２０２６年度から開始する方向で検討が進められています。

6　kWh（燃料）の確保

ポイント
・2020年度冬季の需給逼迫を契機に議論開始
・ロシアのウクライナ侵攻により長期契約の重要性も
・事業者の確実な燃料確保を促す仕組みのみならず、国の関与も重要に

背景

日本はLNGを海外からの輸入に依存しており、概ね実需給の2カ月前まで（以下「燃料GC」）に燃料スポット調達の意思決定や長期燃料契約の配船調整を行うことが必要となります。2050年カーボンニュートラルに向けて、中長期的なLNG消費量の不確実性が増加している中で、燃料調達の確実性を担保する取り組みは、安定供給やエネルギーセキュリティの観点はもちろんのこと、競争上の基盤を確保する観点から重要となります。

ｋＷｈ（燃料）確保の重要性が特に認識されたのは、２０２０年度冬季の需給逼迫がきっかけでした。すなわち、２０２０年度冬季において、断続的な寒波による電力需要の大幅な増加、産ガス国各地におけるＬＮＧ供給設備のトラブル、それによる12月以降の在庫積み増しの後ろ倒し等に起因したＬＮＧ在庫減少によるＬＮＧ火力の稼働抑制を主な要因として、需給逼迫が発生しました。この時は２０２０年12月15日から２０２１年１月16日までの間、広域機関から一般送配電事業者に対し、北海道、沖縄を除く８つのエリアの需給状況改善のため、累計２１８回（延べ21日）「需給状況改善のための指示」が実施される事態となり、電力需給は綱渡りの状況でした。

また、欧州における再エネを補完する資源としてのＬＮＧ・天然ガス需要の伸びとロシアのウクライナ侵攻が重なり、燃料価格の高騰が発生しました。欧州各国と比較して燃料の長期相対契約の比率が高い日本の電気料金の上昇幅が欧州各国よりも抑えられていたことから、中長期的な観点を見据えた燃料の安定的な調達は、調達価格の安定性、すなわち、需要家への電気料金の低廉化の観点からも重要であることが改めて認識されています。

概要

２０２０年度冬季の燃料不足以降、次のような取り組みが行われています。

（１）燃料ＧＬの策定

２０２０年度冬季の需給逼迫を受けて、資源エネルギー庁は２０２１年10月、電力自由化による発電事業者の行動変化と燃料制約による市場価格高騰の防止のバランスを取るため、発電事業者がＬＮＧ燃料の確保にあたって取ることが望ましい行動を定めるとともに、国・広域機関の取り得る対応や役割について定めた燃料ＧＬを策定しました。

燃料ＧＬは法的な拘束力を持つものではないとされつつも、例えば燃料の調達が十分でないため燃料制約を生じた場合、ＬＮＧの発電量が多く市場価格に影響を与えうる事業者においては、燃料ＧＬを順守することが、相場操縦的な行動をとっていないことを推認させる理由となり得るとされています（燃料ＧＬ３・２頁参照）。そのため、燃料ＧＬは、ＬＮＧ燃料を調達する発電事業者にとっては基本的に順守することが求められるものといえます。

また、２０２２年の改定により、需給逼迫が生じた際または生じる恐れがある際の対応として、地域連携スキームと全国連携スキームが追加されました。

地域連携スキームのイメージは**図2―6**のとおりですが、同スキームは、地域内における他の電力・ガス事業者との原燃料の円滑な融通の実施を目的として、地域ごとにLNG安定供給協議会が立ち上げられたものであり、原燃料途絶等により発電用燃料の逼迫が生じ、または生じるおそれがある場合においては、同協議会で構築した連携体制を活用し、地域内における他の電力・ガス事業者との原燃料の円滑な融通が行われることが期待されています。また、紛争・事故等による大規模な供給途絶や広域機関におけるkWhモニタリング等を通じて、全国的な在庫の減少が確認され、電力・ガス需給の逼迫が予見される等の個別事業者の取り組みや地域連携スキームでも対応できない緊急時対応として構築されたのが、全国連携スキームです。このような事態が生じた場合、資源エネルギー庁は必要に応じ、電力・ガス需給と燃料（LNG）調達に関する官民連絡会議等を開催し、情報共有の上、安定供給への協力を要請する一方で、事業者は追加調達が間に合わない場合は、随時、資源エネルギー庁に融通の要請を行うこととされています。このような要請があった場合、資源エネルギー庁は、（5）の戦略的余剰LNGの融通を含め融通余力がある事業者を仲介するとともに、小売電気事業者に対しては供給力確保の要請を行うこと

図２－６　燃料確保・融通のスキーム

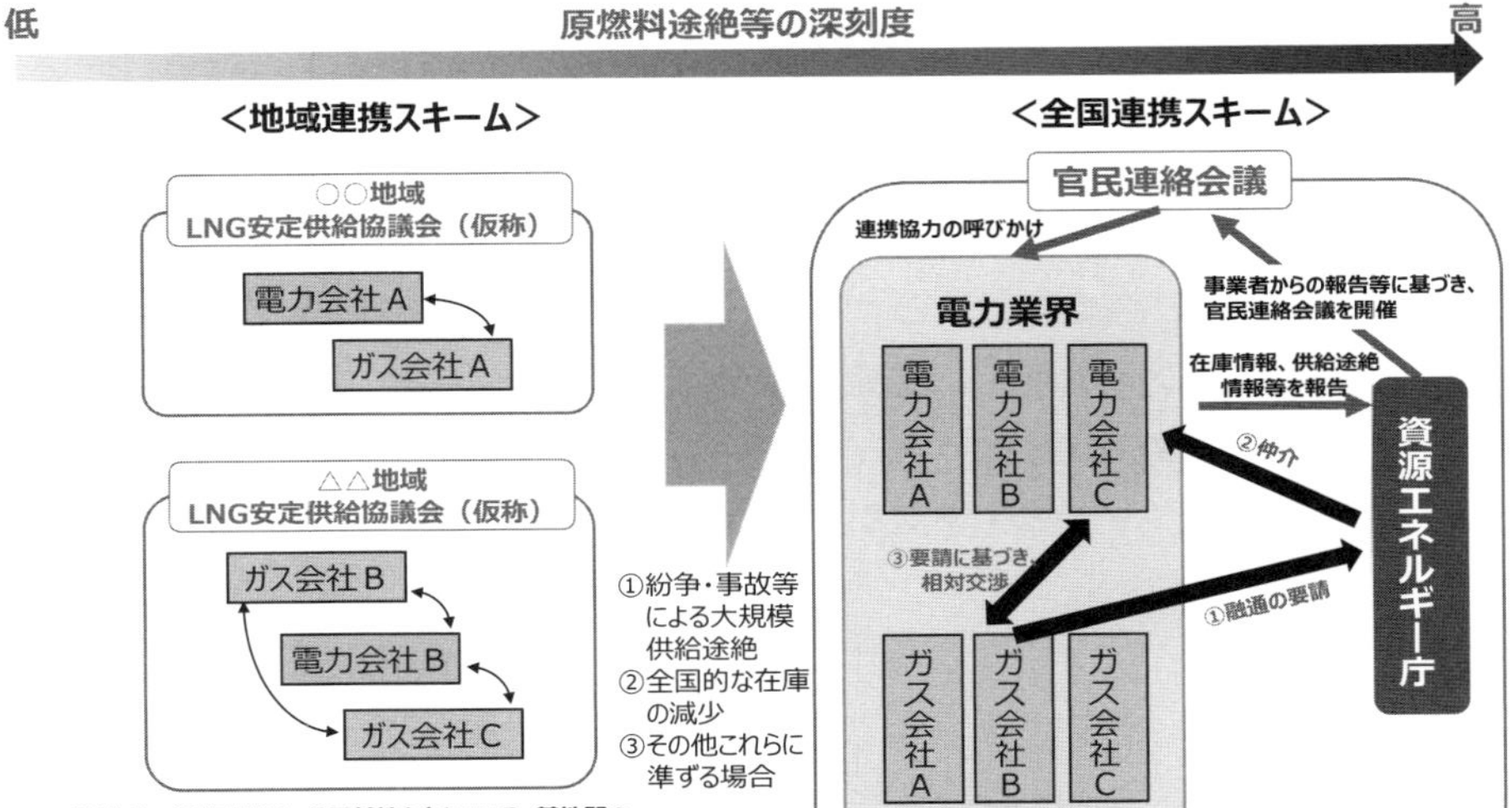

※地域ごとの連携体制は、**共同基地を有している、基地間の距離が近い、導管によりガスを送ることができる電力・ガス会社間の連携を想定。**
連携体制は平時から構築しておく。

出所：電力・ガス基本政策小委員会資料

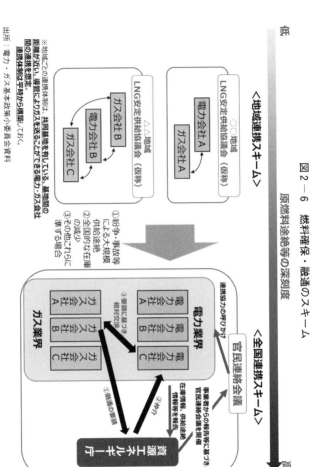

とされています。

ＬＮＧについては、ガス事業者との連携や融通といった業界を超えた取り組みも重要であることから、需給逼迫時の対応として各スキームが構築されたことは重要な意義を有するといえます。

(2) kWhモニタリング／余力率管理

毎年度電力需給がタイトになることが予想される夏季と冬季それぞれにおいて、広域機関は一般送配電事業者の想定需要を基に、２カ月先までの燃料に基づくｋＷｈ供給力（燃料在庫・調達量を電力量に換算したもの）の確保状況などを日本全体の合計としてモニタリングするとともに、直近の気象予報をベースとした燃料消費想定に基づき、２週間先までの想定需要に対するｋＷｈ余力の割合を管理しています。これらは、それぞれｋＷｈモニタリングとｋＷｈ余力率管理と呼ばれ、２０２０年度冬季の燃料不足を受けて、２０２１年度冬季から本格的に実施されているものです。ｋＷｈモニタリングは、リスクシナリオを踏まえた見通しを示すことで発電事業者や小売電気事業者などに適正な供給力（ｋＷｈ）確保や余力の管理を促すことを目的としており、ｋＷｈ余力率管理は、ｋＷｈ不足が生じた場合に、国、広域機関、一般送配電事業者が需給対策を講じるために確認することを目的としているものとなります。

(3) 燃料確保の予見性向上に資する情報提供のあり方

勉強会や実務作業部会（以下総称して「実務作業部会等」）においては、短期（実需給の1週間前以降）の断面におけるあるべき姿の検討（いわゆる同時市場の議論。詳細は、第3章6参照）とともに、中長期（実需給の数年~2カ月程度前）の断面に関して確実な燃料確保という観点から、あるべき姿と具体的な対応策についての検討が行われました。これは、短期市場が機能する前提としてkWとkWhが確保されていることが大前提となるところ、従来、kWについては容量市場を中心とした議論が進められてきているものの、kWhの確保については議論が行われていなかったことを踏まえて、短期市場と一体で検討が進められたものです。

実務作業部会等においては、発電事業者による確実な燃料調達を促す観点から、発電事業者の予見性の向上に資する情報提供のあり方についても議論が行われました。その議論においては、燃料GCの断面での燃料消費量の予測を困難ならしめている要因として、小売電気事業者のスポット市場の依存量に不確実性が多いことが挙げられました。この点を踏まえて、翌々日計画（※）で各小売電気事業者から提出された情報を活用して、小売電気事業者の調達先未定数量・スポット市場依存量の実績値を２０２５年度から広域機関において公開する方針が示されました。なお、燃料ＧＣ時点における小売電気事業者の調達先未定数量・スポット市場依存量予測値を公開することも検討されましたが、精度に課題が大きい等の理由で見送られています。

（※）現在は、最大需要と最小需要の2点の断面のみの計画を提出することとされていますが、2025年度からは前日計画と同様に、30分コマ単位の48点の断面の計画の提出が求められます。

（4）取引の場の改善

実務作業部会等においては、長期契約を含めた燃料調達ポートフォリオを適切に構築するという観点と、２カ月前までに確実に燃料調達を行うという観点から議論が行われました。前者については、発電事業者による燃料の長期契約に結び付くような取引を行いやすい環境整備といった観点から、内外無差別の卸取引に関して、一定割合の長期契約をポートフォリオに含めることの重要性が示されました。後者については、燃料GC時点で一斉に取引できる場の検討も行われたものの、ブローカー市場等の活性化により、LNG1カーゴ分の売電を迅速に集約することが重要であると整理されました。併せて、2023年度の内外無差別の卸取引において、事業者によって転売禁止条項等が付されていましたが、転売を認めることが長期相対契約を安定的に確保することにつながるとともに、セカンダリ市場の流動性の拡大にもつながり、市場メカニズムを機能させ、ヘッジ取引の機会の増加や安定的な燃料調達に資すると整理されました。

これらの議論も踏まえて、内外無差別の卸取引についての議論が進められていますので、第3章3も併せてご参照ください。

(5) 戦略的余剰LNGの確保／国（JOGMEC）による調達

(1)〜(4) までは主に、燃料調達の確実性・安定性の観点からの議論でしたが、エネルギーセキュリティの観点からは、燃料確保についての国の一定の関与が重要となります。

その一つとして挙げられるのが、有事に備えたLNG確保の仕組み（「戦略的余剰LN

図２－７

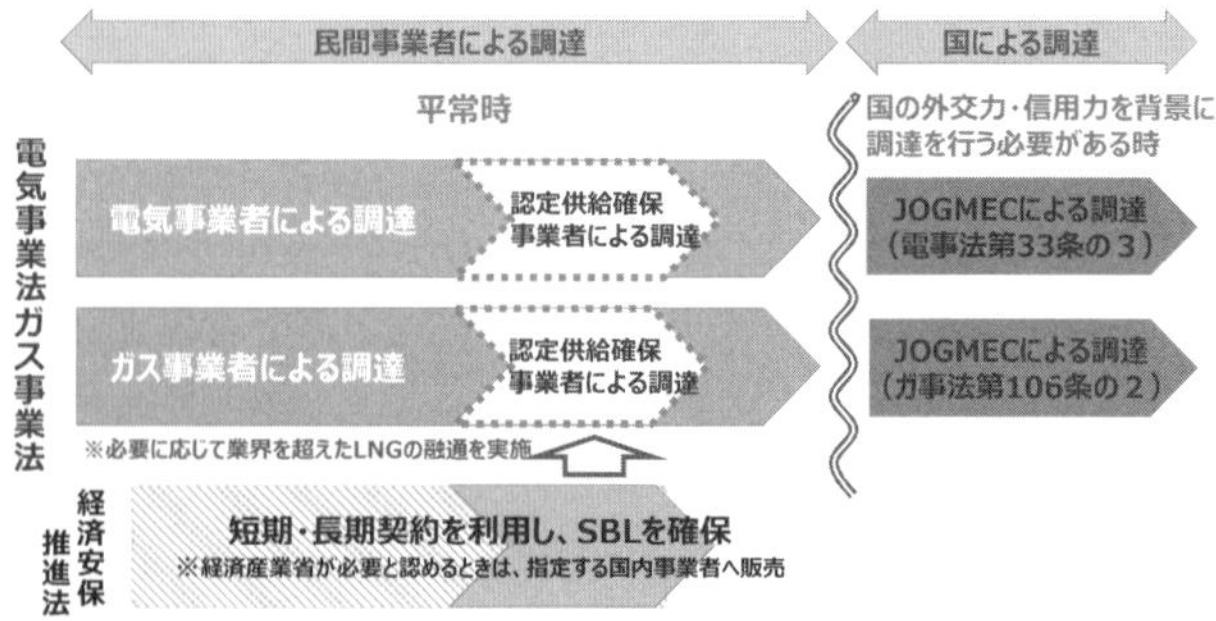

出所：総合資源エネルギー調査会 資源・燃料分科会 石油・天然ガス小委員会資料

Ｇ：ＳＢＬ＝Strategic Buffer LNG」）となります。戦略的余剰ＬＮＧは、経済安全保障推進法に基づき認定された認定供給確保事業者が、中長期契約等に基づき、自らの通常事業に使用することが想定される必要量を上回って戦略的に余剰ＬＮＧを確保するものです。平時は、通常どおりの販売が可能となる一方で、需給逼迫等が生じ経済産業大臣が必要と認めるときは、指定された国内事業者へ販売することが求められます。平時および有事において転売損等が生じた場合は、安定供給確保支援独立行政法人（ＪＯＧＭＥＣ）が設置した基金から助成金が交付され、利益が生じた場合は当該基金へ返還することとされています。２０２３年11月にＪＥＲＡの供給確保計画が認定され、同社が認定供給確保事業者となっています。当初は短期のターム契約を締結し冬季（12月～２月）に最低１カーゴ／月以上とし、中長期的には長期契約等に基づき、最低限、１カーゴ／月程度を目指すこととされています。

なお、発電用の石油燃料についてですが、電気の安定供給の確保に支障が生じ、または生ずるおそれがある場合において、その調達が特に必要であり、かつ、ＪＯＧＭＥＣ以外の者による調達を困難とする特別の事情があると認めるときは、経済産業大臣がＪＯＧＭＥＣに対し、その調達を要請することができるとされています（電気事業法第33条の３）。

全体像のイメージは**図２―７**をご参照ください。

今後

小売全面自由化の中においては、燃料調達の不確実性が生じることは避けられず、事業者の取り組みのみに委ねることは一定の限界があるところです。今後も、長期契約を含めた安定的な燃料の確保において、国が果たす役割はより一層重要となるものと思われます。

第3章　競争環境の再構築に向けて

２０２０年代に入ってからの燃料価格・卸電力価格の高騰により、電力小売市場における競争を牽引していた新電力の撤退・事業縮小が相次ぎました。さらに、ウクライナ危機に伴う世界的なエネルギー危機を受けて、政策の軸足は安定供給・エネルギー安全保障にシフトしつつあります。一方、消費者へのメリットを考慮すると、健全な競争環境を再構築する必要があります。本章では、競争環境の立て直しに向けた視座を述べていきます。

1　全体像

小売電気事業者における適正な競争環境を整備するためには、電源のアクセス環境の整備が重要となりますが、電源アクセスについては、小売全面自由化前や小売全面自由化当初の段階は、比較的短期（1年以下）の取引活性化に主眼が置かれてきたところです。

例えば、ＪＥＰＸのスポット市場における取引量増加の一環として、２０１３年から旧一般電気事業者が自主的に余剰電力の全量を限界費用ベースでスポット市場へ投入することが行われています。また、２０１７年4月から開始されたグロス・ビディングもスポット市場活性化策の一環として行われてきたところですし、２０１８年10月から開始された連系線の利用ルールにおける間接オークション制度の導入も競争政策という側面からみると、スポット市場取引量の増加に寄与する施策といえます。その上で、スポット市場取引だけではなく、安価なベースロード電源等に新電力がアクセスしやすくするための市場として、年間商品を取り扱うベースロード市場が２０１９年に創設され、経過措置料金規制の解除における議論を踏まえて、旧一般電気事業者等による内外無差別の卸取引の自主的なコミットメントに基づく卸供給が２０２１年度から行われてきたところです。内外無差別の卸取引についても、従前は1年を基本とすることが念頭に置かれてきました。

一方で、２０２０年度冬季の燃料不足やロシアのウクライナ侵攻によるＬＮＧ価格の高騰を受けたスポット市場価格の高騰により、短期市場、特にスポット市場に調達を依存していた新電力の倒産や事業撤退が相次ぎ、小売電気事業を健全に営んでいくためのリスクマネジメントの重要性が認識され、短期取引のみならず、中長期的な電源調達を行う市場環境整備の重要性が認識されるようになってきました。

そのため、内外無差別の卸取引の自主的コミットメントの議論においても中長期の卸取引の導入が進められ、ベースロード市場においても複数年商品の導入が進められており、小売電気事業者にとってリスクマネジメントしやすい取引環境が整備されてきているところです。

以上の他、前日からゲートクローズ（GC＝計画提出期限である実需給の1時間前）までの間における市場取引をより効率化・活性化する観点も踏まえ、ｋＷｈと調整力（⊿ｋＷ）を同時に調達する同時市場の議論も進められており、前日以降の市場と相対取引市場とのバランスが取れた制度設計が重要となるところです。

2　卸電力市場取引活性化のための施策

ポイント
・旧一般電気事業者による限界費用入札、グロス・ビディング、間接オークション
・グロス・ビディングは、２０２３年10月に休止
・時間前市場の活性化も重要

背景

競争的な市場環境を確保するための方策としては、ＪＥＰＸにおける取引量を増加させ

ることが重要となります。小売全面自由化前のＪＥＰＸにおいて、実需給の前日に行われるスポット市場の取引量は総需要のわずか２％程度でした。このスポット市場での取引量を増加させるための施策として代表的なものは、時系列で並べると、旧一般電気事業者の自主的な取り組みである余剰電力の限界費用ベースでの投入、間接オークションの導入、そしてグロス・ビディングが挙げられます。

概要

（1）余剰電力の限界費用ベースでのスポット市場への投入

スポット市場における取引量増加の一環として、２０１３年から旧一般電気事業者が自主的に余剰電力の全量を限界費用ベースでスポット市場へ投入することが行われています。

限界費用とは、電力を１ｋＷｈ追加的に発電する際に必要となる費用をいい、燃料費等がこれに該当するとされています。スポット市場への投入にあたっては、次の計算式に基づき余剰電力量を算出し、その全量が限界費用ベースでスポット市場へ投入されているところです。

「余剰電力量」＝「供給力」－「需要見積もり（自社小売り分・他社卸分）」－「入札制約」－「予備力」

この取り組みは制度上義務づけられているわけではありませんが、現在では相場操縦に関するセーフハーバーと位置づけられています。すなわち、小売全面自由化後間もない2016年11月に、東京電力エナジーパートナーが平日昼間の時間帯の各30分コマにおいて売り入札を行う際、限界費用ベースではなく、「閾（しきい）値」と称する小売料金原価と同等水準の月ごとの固定価格を下限価格として売り入札を実施していたことについて、相場操縦である（「市場相場を変動させることを目的として市場相場に重大な影響をもたらす取引を実行すること」に該当する）として、監視等委員会が業務改善勧告を行ったことがありました。限界費用ベースでの入札を実施している限りは、経済合理的な行動であることも踏まえ、適取GL上、相場操縦に該当しない（＝セーフハーバー）とされているところです。

一方で旧一般電気事業者については、合理的な理由なく、限界費用に基づく価格よりも高い価格で市場に供出した場合や、余剰電力の全量を市場に供出しなかった場合は、相場操縦に該当することを強く推認させる一要素となるとされているため、余剰電力の全量を限界費用ベースでスポット市場へ投入することについては、事実上の義務となっているといえます（以上につき、適取ＧＬ第二部２（３）ア③27頁参照）。

深掘り　限界費用の考え方

限界費用とは、電力を１kＷh追加的に発電する際に必要となる費用をいい、燃料費等がこれに当たるとされています。そして、燃料費については調達した燃料の価格が基本となるところですが、２０２１年10月に開催された監視等委員会の制度設計専門会合において、燃料追加調達に対する価格シグナル発信の観点から、監視委確認の下、追加的な燃料調達価格を考慮した価格での入札を許容する方針が示されました。具体的には、卸電力市場への入札によって燃料が消費されることで将来的な需要に対応するために追加的な燃料調達を行う必要が生じるときであって、当該価格・量での燃料の追加的な調達が合理的であると客観的に確認可能な場合には、燃料の追加的な調達費用を考慮しうることが明確化されました。これを受けて、脱稿時点で、沖縄電力を除く9エリア中6エリアで限界費用の考え方が見直されているところです。

併せて、燃料制約の発生時においては、非両立性の関係（スポット市場で約定すると他の機会では販売できないという関係）が成立する場合において、当該価格・量の妥当性が客観的に確認可能な場合には、将来における電力取引の価格を機会費用として考慮しうるとされています（以上につき、適取GL第二部2（3）ア③（注2）28頁参照）。

(2) グロス・ビディング

グロス・ビディングとは、旧一般電気事業者の自社供給（社内取引）分の一部をスポット市場を介して売り入札と買い入札を同時に実施する手法をいいます。原則として限界費用ベースで売買入札を行うとともに、例外的に自社供給力が不足する場合のみ確実に買い戻せる価格で買い戻し（高値買い戻し）を行うものです。

グロス・ビディングは2017年4月から開始されました。1年程度で販売電力量の10％程度を目指し、その後も取引量を拡大していくことが表明されました。その効果もあ

表３－１　グロス・ビディングに期待される効果

①　市場の流動性向上
限界費用ベースで売買入札を行うため、買い入札の限界費用が約定価格を下回り、全量買戻しとならない場合には、市場の流動性向上に貢献する
②　価格変動の抑制
売買両面において約定価格帯近傍の入札が増加するため、売買入札曲線の傾きが緩やかになり、価格変動の抑制効果が発生する
③　透明性の向上
社内取引の一部が市場経由で行われるため、社内取引価格が明確となり、社内取引が透明化されることが期待される

り、グロス・ビディング開始当初は約３％だったスポット市場取引量は、40％程度の水準で推移するまでに拡大しています。

グロス・ビディングの実施により、**表３－１**に記載の３つの効果が期待されていました。２０２１年８月の時点で、①市場の流動性向上、②価格変動の抑制については、一定程度達成されていると評価された一方で、③透明性の向上については、引き続き課題があるとされました。しかしながら、２０２３年７月の時点で、内外無差別の卸取引の自主的コミットメントに基づき、すべての旧一般電気事業者について、２０２３年度の通年の相対契約から新たに卸標準メニューが作成・公表され、発電・小売部門間の情報遮断・社内取引の条件を定めた文書が存在しており、社内取引の透明性の向上が図られていることから、③透明性の向上についてもグロス・ビディングが期待された役割を終えたと評価されたところです。２０２３年10月からグロス・ビディングは休止され、その後、影響がないことが確認されれば最終的に取りやめることとされています。

現在、スポット市場の売入札の約4割が旧一般電気事業者以外によるものであり、取引参加者が多様化していることも踏まえると、社内取引の透明性の向上も図られた現段階において、グロス・ビディングが当初期待された役割は果たされたという判断は妥当と思われます。

(3) 間接オークション

間接オークションとは、後述(第4章2参照)のとおり、地域間連系線の利用ルールに関するもので、すべての連系線を利用する権利または地位をスポット市場の落札者に割り当てるルールをいい、2018年10月から導入されています。間接オークションルールの下で連系線を利用するには、すべてスポット市場に入札することが求められることになり、実際に、間接オークション導入後のスポット市場の取引量は導入時点で、導入前と比較して約1・5倍に増加しています。

間接オークション導入前に先着優先ルールの下で連系線を利用する権利を確保していた事業者に対しては、2016年4月から10年間は経過措置として、実質的に権利が確保されているのと同様の権利が付与されています。この経過措置は２０２６年３月に終了することから、２０２６年４月以降はさらなる流動性の実質的な向上も期待されるところです。

今後

ＪＥＰＸにはスポット市場の他、スポット市場取引後に行われる時間前市場も存在します。今後、再エネを市場統合していくにあたっては、ゲートクローズ（ＧＣ＝計画提出期限である実需給の1時間前）までの間において、自然変動電源の変動によりバランシンググループで生じる過不足を調整（取引）できる市場である時間前市場の活性化が重要となります。最近では、時間前市場活性化のため、三次調整力②で確保した調整力のうち、太陽光の上振れ・下振れに関わらず使用しない領域について一般送配電事業者が時間前市場へ供出することの検討が進められ、２０２３年10月下旬から開始されています。また、ザラ場取引（※）である時間前市場について、ザラ場の開始前にオープニングセッションとしてシングルプライスオークションを導入する案の検討等も進められていました。本章6のとおり、同時市場においても時間前市場の活性化が議論されているところであり、足下の議論においても将来的な電力市場の姿と整合をとった検討が必要となります。

（※）時間優先で単位時間ごとに買い注文と売り注文が合致する時に取引価格と量が決定される方式をいいます。「売り」と「買い」の価格と数量が合致すれば次々と取引が成立しその都度価格が形成されていくこととなります。

3　卸取引の内外無差別原則

ポイント
・旧一般電気事業者（JERA含む）に求められる自主的なコミットメント
・不当な内部補助の防止
・年間だけではなく、中長期の商品も

背景

日本においては、旧一般電気事業者（JERAを含む）が発電設備の大宗を保有している一方で、新電力は、自身では電源を保有しないことが多いという実情があります。特

図3－1　旧一般電気事業者の発電割合の推移

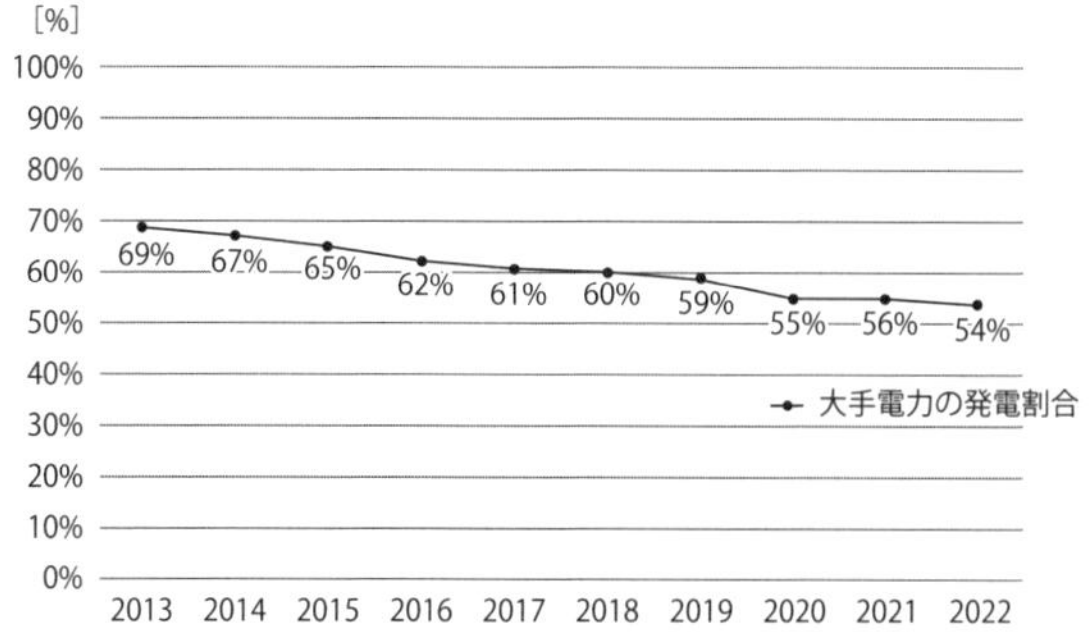

※総合エネルギー統計の総発電量（発電端）に対する旧一般電気事業者の発電部門とJERA（送電端）の割合、電気事業者以外の発電実績も含む

出所：総合エネルギー統計時系列表　電力調査統計を基に作成

に、安価な電源の多くは同様に旧一般電気事業者が保有・長期契約しており、新電力によるアクセスが困難な状況にあるともいわれています。**図3－1**は発電量ベースを示していますが、発電設備の容量ベースだともっと高い割合になると思われます。

　このような状況を踏まえて、小売市場において持続的な競争を確保する観点から、電源アクセスのイコール・フッティングが求められています。この電源アクセスのイコール・フッティングについては、大きく分けて機会の確保と、取引条件の公平性確保の2つの要素があるとされています。

　そして、旧一般電気事業者の発電部門が自社小売部門に対して、新電力への卸供給よりも不当に安価な価格で卸供給するといった電源調達面での不当な内部補助（※）を行うと、内部補助を受けた旧一般電気事業者の小売部門がより安価に需要家に電気を供給することが可能となり、小売市場における公平な競争環境の観点から問題が生じるといった指摘がされているところです。

（※）「不当な内部補助」とは、卸市場において市場支配力を有する旧一般電気事業者における発電部門から小売部門への内部補助であって、小売市場における競争を歪曲化する程度のもの（典型的には、新電力の事業を困難にするおそれがある程度に小売市場における競争を歪めるもの）とされています（経過措置料金に関するとりまとめ2⑶3-2 23、24頁）。

概要

このような不当な内部補助を防止する観点から、監視等委員会は2020年7月1日、旧一般電気事業者の発電・小売間の不当な内部補助を防止するため、旧一般電気事業者各社に対し、社内外無差別な卸取引を行うこと等、次のコミットメントを要請するとともに、それらを確実に実施するための具体的な方策について同委員会への報告を求めました。

①中長期的な観点を含め、発電から得られる利潤を最大化するという考え方に基づ

き、社内外・グループ内外の取引条件を合理的に判断し、内外無差別に卸取引を行うこと

②小売りについて、社内（グループ内）取引価格や非化石証書の購入分をコストとして適切に認識した上で小売取引の条件や価格を設定し、営業活動等を行うこと

この②で非化石証書に触れられているのは、非ＦＩＴ非化石証書の取引について、非ＦＩＴ非化石電源（大型水力、原子力等）の大半を保有する旧一般電気事業者の発電部門が非化石証書の販売収入を原資として、自社小売部門への不当な内部補助を行い、その結果、小売市場における競争の歪曲が生じるのではないか、といった懸念が示されたことを受けてのものです。

これを受けて旧一般電気事業者各社は、①および②についてコミットメントを行うとともに、これらを確実に実施するための具体的な方策について報告を行っています。

内外無差別の卸取引に関する自主的なコミットメントの状況については、毎年度確認が行われていますが、２０２３年度の卸取引から内外無差別についての具体的な評価基準が示されて内外無差別の達成状況が評価されるようになりました。評価項目は複数にわたりますが、重要なポイントは、卸取引の条件のみならず、機会の内外無差別性（交渉開始の

タイミングや小売部門との情報遮断措置）が求められているところです。

２０２３年度においては、北海道電力と沖縄電力が、内外無差別が達成されていると評価されています。北海道電力においては、ブローカーであるｅｎｅｃｈａｉｎ（エネチェイン）を通じてすべての取引を透明性高く実施したと評価されています。

なお、定期的に実施する「小売市場重点モニタリング」（※）においても、旧一般電気事業者およびその関連会社に関し、エリアのスポット市場価格以下での小売販売等が確認された場合に実施することとされています。

（※）「小売市場重点モニタリング」は、電力小売市場における公正な競争を確保する観点から、相当程度の影響を与え得る有力性を有する次の事業者を対象にし、競争者からの申告に基づきエリアのスポット市場価格以下となった場合に、その経済合理性を中心に確認を行うもので、年2回程度、監視等委員会の制度設計専門会合に報告されます。

・旧一般電気事業者

・旧一般電気事業者の関連会社（出資比率20％以上）

・各供給区域において、低圧／高圧／特別高圧のいずれかのシェアが5％以上に該当する小売電気事業者

今後

２０２４年度の卸取引においては、コミットメント事業者が長期卸供給の取引を販売ポートフォリオに含めることとされ、３～５年（最大10年）程度の長期卸を３分の１ずつ売り出しする方針が示されました。

また、２０２３年度の卸取引について設けられていた転売禁止、購入（応札）可能量の制限やエリア外への供給の制限については、競争のより一層の促進のため、具体的には、発電・小売り双方の販売・調達機会の拡大、セカンダリ市場の厚みの増加（発電事業者・小売電気事業者双方にとってのヘッジ機会の拡大）等のためには設けないことが合理的といえます。電力・ガス基本政策小委員会においては、段階的な解除の方向性が示されたところですが、各事業者は２０２４年度向けの卸取引において、余剰分の転売を認めることを明確化するなどの取り組みを行っています。

現在の内外無差別に関する議論の方向性は、小売電気事業者のリスクマネジメントの観点からもあるべき方向性といえますが、再エネの大量導入を見据えた中では、１年未満の卸取引についてもオプション価値を適正に評価した形での商品が出てくることが期待されます。

深掘り　常時バックアップとその廃止

常時バックアップとは、新電力のベース電源代替という目的で2000年3月の小売部分自由化に合わせて導入されたもので、新電力が供給する一部の需要（高圧・特別高圧需要の3割、低圧需要の1割）に相当する範囲においては、新電力の申し出があれば原則、旧一般電気事業者が相対契約を締結の上、卸供給をすることが求められる制度です。独占禁止法の観点から適取GLに基づき設けられたものです。

そして、内外無差別の卸売りが達成された場合は、公正な市場環境が整備され、新電力の電源調達上の課題は解消されていると評価できるところです。このため、内外無差別の卸売りが達成されたことを監視等委員会が確認した場合は常時バックアップの廃止が可能であることが、2023年10月の適取GLの改正で明確化されました。

北海道電力は2023年度の卸取引で内外無差別を達成したと監視等委員会から評価されたため、2024年度以降の常時バックアップの廃止を表明しています。

なお、常時バックアップの大きな問題は、オプション価値が適切に反映されていない点にあります。すなわち、常時バックアップは、前日9時までkWhの通告変更が可能であるという点や、２カ月程度前の申し込みで契約ｋＷを変更できるという点でオプションとしての価値を有しているものの、それが卸供給料金に適切に反映されていません。

また、常時バックアップは、スポット市場価格が安かった時期は、あまり活用されることがなかったのですが、市場価格が高騰した２０２０年度冬以降、電源としての価値が高まり、旧一般電気事業者が供給力との関係で常時バックアップの申し込みを断らざるを得ない事態が生じました。その中で、常時バックアップの総契約量において一部の新電力の契約割合が極めて高いことや転売なども確認されており、こういった事象は新電力間の競争環境をゆがめているといった指摘がされていました。前者の指摘への対応策として、電力・ガス基本政策小委員会において、これまで随時受け付けしていたものを、年１回適切なタイミングで募集を行うこととする基本的な方向性が示されています。

現在は、足下の市場環境を反映して、常時バックアップの申し込み状況も落ち着きを見せているように思われますが、現在の仕組み自体が競争環境のゆがみを生じさせている点は、足下の対応として改善が必要といえます。

4　ベースロード市場

ポイント
・新規参入者のベースロード電源へのアクセスを確保
・旧一般電気事業者等にベースロード電源の供出を義務づけ
・内外無差別の卸取引の促進により、ベースロードのあり方の見直しも

背景

石炭火力、大型水力、原子力などといったベースロード電源（コストが比較的安く、天候、昼夜を問わず安定的に発電できる電源）は主として、中長期断面で見た需要家のベース需要に対応する、安価で安定的な供給力として位置づけられます。もっとも、これらの電源の大半は旧一般電気事業者が保有している一方、新電力はベースロード電源をミドル電源（天然ガス火力など需要の変動に応じて出力を調整できる電源）で代替しているという実態があるとされています。これを踏まえて、競争活性化の観点から、主に新電力のべ

ースロード電源へのアクセスを確保するための市場として、ベースロード市場が導入されることになりました。

概要

(1) 旧一般電気事業者等に対する売入札義務

ベースロード市場の一つのポイントは、沖縄電力を除く旧一般電気事業者とＪパワー(以下、総称して「旧一般電気事業者等」)に対して、一定量のベースロード電源の供出が制度上義務づけられた点にあります。

供出する量については、新規参入者の需要量にベースロード比率(56%)を乗じた量に一定の調整係数(1~0・67)を乗じた量とされています。当初の調整係数は1ですが、新電力のシェアに応じて低下し、新電力シェア30%時点で下限値の0・67となります。

また、ベースロード市場は市場分断の頻度を考慮し、北海道エリア、東北・東京エリア、西エリアに区分され、先渡取引の一種であるためスポット市場で受け渡しが行われます(※)。年4回(原則7月上旬、9月上旬、11月上旬、1月下旬)開催され、翌年の4月から受け渡し開始の商品が取引されます。ただし、第4回のオークションにおける旧一般電気事業者等による売入札への参加は、供給計画策定等への影響を勘案し、任意参加とされています。

（※）ベースロード市場とは別に、ＪＥＰＸにおいては２００９年から先渡市場が設けられています。ベースロード市場と比較しても取引が活性化しているとはいえない状況であり、今後は、先渡市場の存続も含めたあり方についても検討課題の一つと思われます。なお、ベースロード市場と先渡市場との違いは**表3―2**のとおりです。

（2）買い手の購入量上限

ベースロード市場はベース需要に対応するための電力を調達する市場であることから、買い手の購入上限量は自社のベース需要となります。

新電力にとっては、ベースロード電源調達の選択肢が広がったという点では意味のある制度といえます。一方で、高圧・特別高圧需要の3割、低圧需要の1割については、引き続き旧一般電気事業者から常時バックアップ（深掘り　常時バックアップとその廃止参照）に基づき卸供給を受ける選択肢も現状は残されています。実際にどの程度、ベースロード市場でベースロード電源を調達するかについては、常時バックアップの価格とベースロード市場価格の比較や、スポット市場における価格の見通しおよび相対契約により調達できるベース電力の量を踏まえて判断をすることになります。

最近の議論状況

（1）取引状況

ベースロード市場は２０１９年度（２０２０年度受け渡し）から開始されています。２０２１年度（２０２２年度受け渡し）以降の取引結果は**表３―３**のとおりです。

（2）事後調整付き取引と長期商品の導入

前記のとおり、２０２２年度（２０２３年度受け渡し）までのベースロード市場においては燃料費調整は行われず、ｋＷｈ価格一本での取引（以下「固定価格取引」）でしたが、大規模発電事業者の供出上限価格の大宗を占める燃料費（石炭価格）の算定において、価格変動リスクを大きく見積もり、供出上限価格が大幅に上昇している事例が確認されています。これを受けて２０２３年度（２０２４年度受け渡し）の年間商品については、第１回と第２回は固定価格取引、第３回は固定価格取引と事後調整（燃料費調整）付きの取引

表3－2　ベースロード（BL）市場と先渡市場の違い

	ベースロード（BL）市場	先渡市場
特徴	新電力によるBL電源へのアクセスを容易にすることを目的とし、BL電源による電気の供出を制度的に求め、新電力が年間固定価格で購入可能	商品ごとに実需給の3年前（年間商品）から3日前（週間商品）まで取引でき、小売電気事業者が中長期的に必要な供給力を固定価格で購入可能
創設時期	2019年7月	2009年4月
市場管理者	JEPX	JEPX
主な取引主体	・売入札：旧一般電気事業者、電源開発（新電力も制限されていない） ・買入札：新電力（自エリアを含む市場以外では、旧一般電気事業者も制限されていない）	小売電気事業者、発電事業者
取引商品	・年間商品 （受渡期間：1年間 受渡期間：2年間）	・年間商品（受渡期間：1年間） ・月間商品（受渡期間：1カ月） ・週間商品（受渡期間：1週間） ※年間商品は24時間型のみ。月間・週間は24時間型と昼間型（平日8～18時）
取引方法	・シングルプライスオークション ・受渡年度の前年度に年4回（原則7、9、11月、1月）オークション開催	・ザラ場方式 ・毎営業日に開催
受渡方法	スポット取引を通じて受渡し	スポット取引を通じて受渡し
市場範囲	北海道エリア、東北・東京エリア、西エリア、九州エリアの4市場	東日本（北海道、東北、東京）、西日本（中部、北陸、関西、中国、四国、九州）の2市場
取引単位	100kW	30分単位で500kW
取引手数料	売買とも、約定した入札1件当たり1万円（税別）	売買とも、約定した入札1件当たり ・年間商品：1万円（税別） ・月間・週間商品：1000円（税別）
預託金	受渡しが完了していない商品の買い代金×（1年商品）0.01 （2年商品）0.02	先渡取引の商品基準時差額の合計
2022年度売買実績	94.6億kWh	0.33億kWh

出所：制度検討作業部会資料を基に作成

表３－３　ベースロード市場のオークション実績

エリア	2021年度取引（2022年度受け渡し）				2022年度取引（2023年度受け渡し）			
	売入札量（億kWh）	買入札量（億kWh）	約定量（億kWh）	約定価格（円/kWh）	売入札量（億kWh）	買入札量（億kWh）	約定量（億kWh）	約定価格（円/kWh）
北海道	124	44.1	2.8	12.23	66.9	54.6	0.04	29.93
東日本	1048.9	613.2	14.6	13.35	628.1	821.6	4.1	31.45
西日本	1109.6	438.1	48.2	10.9	742	402.7	90.5	21.3
総計	2282.5	1095.4	64.9	―	1437	1278.9	94.64	―

エリア	2023年度取引	
	約定量（億kWh）	約定価格（円/kWh）
北海道	―	―
東日本	14.9	16.45
西日本	44.9	11.25
九州	0.8	12.07
総計	60.6	―

※約定価格は、各回の約定量と約定価格から年間の加重平均価格を算出。2023年度取引から九州エリアの区分が新設。表は１年商品・固定価格取引のみ

（参考）年間平均スポット価格

エリア	基準エリアの2020年度エリアプライス（円/kWh）	基準エリアの2021年度エリアプライス（円/kWh）
北海道	12.3	13.74
東日本	12.02	14.27
西日本	11.06	14.05

出所：制度検討作業部会、JEPXの資料を基に作成

を半分ずつ、任意供出である第4回は固定価格取引を実施することとしています。

また、２０２３年度においては、売り手・買い手双方のニーズを踏まえて新たに長期商品（２年）が導入されました。長期商品については事後調整（燃料費調整）付きの取引とされていますが、供出量の15％を長期商品に割り当てることとされています。

年間商品について引き続

き固定価格取引を基本としたのは、固定価格取引によるヘッジ機能を重視しつつ、価格変動リスクを大きく見積もるリスクに対しては第3回に1年商品の事後調整（燃料費調整）付き取引を行うことに加え、固定価格取引（1年商品）と事後調整（燃料費調整）付き取引（長期商品）を同時に扱い、価格差が明確になることにより、固定価格取引の価格設定が見直される動機も強まると考えられたためです。

事後調整（燃料費調整）付き取引については、発電コストの適切な回収の観点から、事業者ごとに上限を設けずに石炭をベースとして設定することとし、買い手の最終的な卸単価が分からないというリスクに対する緩和策としては、買い手のキャンセル権は認めない一方で、市場範囲における制度的な供出者の最低・最高・平均調整単価（ただし、売応札者が2者以下である場合は、加重平均調整単価のみ）を示し、情報の適切な事前公開等で予見性を高めることで対応することとされています。

(3) 適格相対契約の供出義務量および買い手の購入量上限における控除上限の引き上げ

従来、相対契約のうちベースロード市場と同等の価値を有する契約（※）については、その取引量を旧一般電気事業者等のベースロード市場への供出量および新電力等のベースロード市場購入量上限から控除することとしています（以下、供出量等から控除される相対契約を「適格相対契約」）。これまで、適格相対契約の控除量は10％を上限としていましたが、内外無差別の卸売りも一定程度進んでいる状況も踏まえ、２０２３年度（２０２４年度受け渡し）の入札においては30％まで上限が引き上げられました。ただし、適格相対契約のうち特定の新電力との契約が全体の４割以上の割合を占めている場合は、電源アクセスの改善に寄与していると判断することが困難であることから、当該契約は４割まで差し引いて控除量を算定することとされています。また、長期契約については、長期相対卸取引の目的であること、契約期間が長いほど売り手・買い手事業者双方の事情を踏まえた条件設定が必要となり定型化が難しいことから、一定期間以上の契約であれば負荷率等の条件は定めないこととされています。

（※）契約期間における負荷率が70％以上、かつ契約期間が6カ月以上の契約であって、価格についてもベースロード電源の発電平均コストを基本とした価格と著しく乖離がない契約をいいます。

今後

内外無差別の卸取引については、本章3のとおり着実に進められてきています。内外無差別の卸取引であると評価されたエリアにおいては、ベースロード電源へのアクセス環境についても改善されていると評価可能なところです。そのため、制度検討作業部会においては、長期卸と単年卸の両方において内外無差別な卸売りの取り組みが評価されていることを条件に、適格相対契約控除量の上限の撤廃が考えられるといった議論がされています。

内外無差別の卸売りの今後の達成状況次第ではありますが、遠くない将来、ベースロード市場の意義についても見直すべき時期がきているように思われます。

5　先物取引市場

ポイント
・卸電力価格の価格変動リスクをヘッジすることができる手段の一つ
・ＴＯＣＯＭの電力先物は２０２２年４月に本上場
・取引の活性化が課題

背景

ＪＥＰＸのスポット市場価格は、その需給の状況等に応じて30分単位で変動することから、スポット市場の売り手・買い手双方に価格変動リスク（ボラティィリティリスク）が生じます。これまでの各種施策（※）により、スポット市場の取引量は確実に増加しており、取引量が増加すれば価格のボラティィリティリスクも相対的に縮小することが期待されますが、市場である以上、需給の状況に応じて価格が変動することを避けることはできません。

（※）旧一般電気事業者による余剰電力の限界費用ベースでの入札、地域間連系線における間接オークションの導入、グロス・ビディング等。なお、グロス・ビディングについては当初期待された役割が果たされたとして2023年10月より休止（本章2参照）。

特にスポット市場からの電力調達を主にしている小売電気事業者にとっては、スポット市場価格が高騰した場合等に大きな損失を発生させることになるため、このボラティリティリスクをヘッジすることは事業運営上重要となります。

また、発電事業者についても、スポット市場を通じて電力を卸供給する場合は卸販売価格が安定しにくいという点があります。現状、売り入札量の約4割が旧一般電気事業者以外であることも踏まえると、このようなニーズも高まりを見せてきています。

このような、卸電力価格のボラティリティリスクをヘッジすることができる手段の一つが先物取引となります。

先物取引によるボラティリティリスクヘッジのイメージは**図3―2**を参照ください。

図３－２　ヘッジ取引（買いヘッジ）のイメージ（電力の購入価格のヘッジ）

〈例〉ある事業者は、電力の販売価格を10円/kWh とする契約を顧客と締結。３円/kWh の収益を確保できるような電力の調整を行いたいと考えている

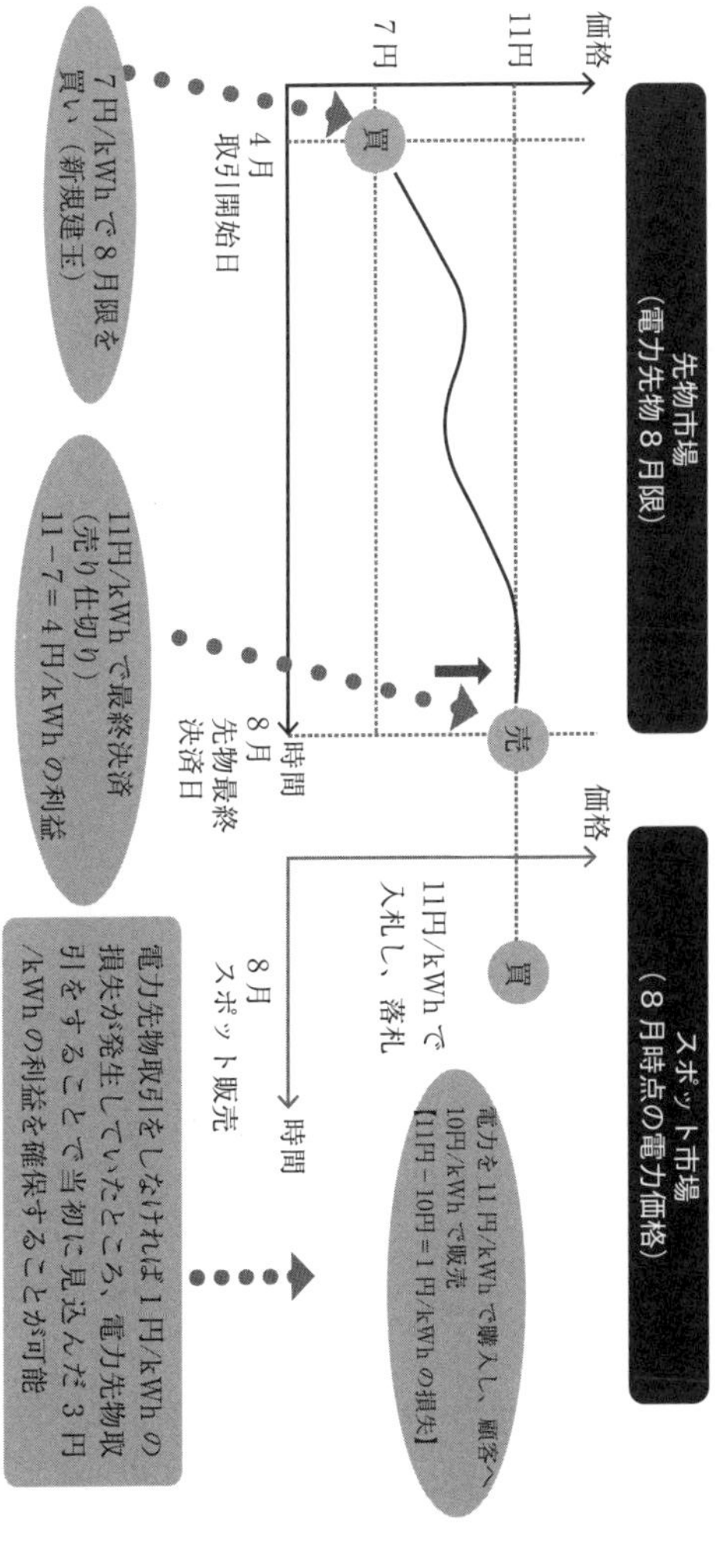

出所：経済産業省　電力先物市場の在り方に関する検討会資料

概要

（1）電力先物取引市場（TOCOM）

先物取引に関する規制が規定されているのは商品先物取引法ですが、同法は電力システム改革の第2段階の電気事業法改正に合わせて商品先物取引の対象に「電気」を追加しており、２０１６年4月以降、法律上は取引所へ上場することが認められていました。上場にあたっての制度設計の議論や紆余曲折を経て、２０１９年9月に東京商品取引所（以下「ＴＯＣＯＭ」）の電力先物取引市場が試験上場し、２０２２年4月に本上場しました。

ＴＯＣＯＭの業務規程上、個人投資家の参加は認められていません。電力先物取引市場においては東西エリアでそれぞれすべての日時が対象となり、「24時間分」の電力を一つの単位として将来の売買価格を決定する方式である「ベースロード電力」と、平日8時～20時の間を一つの単位として将来の売買価格を決定する方式である「日中ロード電力」の取引が可能とされています。また、月単位の4種類の商品が15カ月分用意されており、合計で60商品となります。

なお、先物取引自体の相場操縦やインサイダー取引規制については商品先物取引法やＴＯＣＯＭの規程に設けられていますが、適取ＧＬにおいては、先物取引での利益を得ることを目的としてスポット市場などの価格を高値または安値に誘導することにより市場相場を変動させる行為は相場操縦に該当するとされています。

ＴＯＣＯＭにおける取引高は着実に伸びているものの、後述のＥＥＸと比較すると市場拡大のペースは低調なのが実情です。

コラム　先物取引とインサイダー取引

商品先物取引法には、金融商品取引法のようなインサイダー取引規制に関する規定は存在しません。これは、株式発行会社に相当するものが存在しないことや、市場に影響を及ぼすような主体を想定していないためとされています。

もっとも、基本的に電力は貯蔵できない性質を有し、発電設備の稼働状況や天候変化等を受けて需給が大きく変動するような場合は大幅に電力価格が変動するため、電力先物取引において一部の電気事業者のみがインサイダー情報を入手し、これに基づいて取引を行うことができるとすれば、インサイダー情報を知る電気事業者のみが当該情報に基づいた取引により電力先物市場で利益を得て、他方で当該情報を知らずに取引を行う者が損失を被るおそれがあります。このため、ＴＯＣＯＭの業務規程および その細則において、インサイダー取引に関する規制が設けられています。

(2) 先渡取引との違い

電力取引価格を固定する機能はＪＥＰＸの先渡取引にもありますが、先渡取引との最大の違いは、先物取引は現物の電気を受け渡さず金銭のみで決済するという点となります。この違いにより先渡取引の場合、商品先物取引法の適用はありませんし、会計処理も先物取引とは異なります。

また、一般に先渡取引と比較して先物取引の方が、電力需給予測や市場環境が変化した時にも売り戻しや買い戻しを行いやすいと言われていますし、電力先物市場は先渡市場と違い、電気事業者以外の金融機関や投資会社などにも取引参加資格があり、これにより市場流動性が高まることも期待されます。

(3) 相対（ＯＴＣ）の先物取引

２０２０年５月には欧州エネルギー取引所グループ（以下「ＥＥＸ」）が、２０２１年

2月には米国シカゴ・マーカンタイル取引所（CME）が日本で電力先物取引の清算業務（クリアリング）を開始しました。これは、小売電気事業者などが将来の電気を売買する相対取引について決済の履行を保証するものとなります。

また、ブローカー（※）が価格情報を集約・発信し、事業者のマッチングを促した上で、クリアリング目的でTOCOM、EEXを利用する流れが定着しています。商品先物取引法上、ブローカーは類似施設を運営する事業者と位置づけられ、商品先物取引法上の許可が必要となりますが、TOCOMにおける取引においても市場参加者が直接取引する量はわずかであり、そのほとんどが、商品市場の外で場を開き、OTC取引をマッチングさせる類似施設での約定となっています。

（※）代表的なブローカーはenechainが挙げられますが、同社は現物からデリバティブ、相対から市場取引など、様々なツールを組み合わせて電気事業者をマッチングし、ヘッジ取引の場を提供しています。

今後

TOCOM、EEXにおける取引高は増加傾向にあり、JEPXのスポット市場に対する電力先物のシェアは5～8％程度まで増加してきています（図3―3参照）。その中でもＥＥＸの取引高が急拡大を続けており、２０２３年度のマーケットシェアは9割を超える状況です。

もっとも、大口のポジションが約定するまでに時間がかかり、ＴＯＣＯＭ、ＥＥＸともに流動性が十分ではないといった市場参加者からの声も聞こえるところです。

そのような中、２０２３年11月から電力先物の活性化に向けた検討会が開催されています。論点として次の４つが挙げられています。

①電力先物市場の流動性を上げる方策
②類似施設・ＯＴＣ取引監督のあるべき姿
③経営層や組織内において電力先物を活用する意義の理解醸成の図り方
④電力先物に必要な人材採用・育成のあり方

このうち①に関しては、ＴＯＣＯＭに先物を発注した事業者の希望があれば、ＴＯＣＯＭがＪＥＰＸに現物を発注し、先物と合わせて現物を供給する等、ＴＯＣＯＭと現物市場であるＪＥＰＸとの連携をさらに深めることや、マーケットメイカー（※）制度の見直し等が挙げられています。ＴＯＣＯＭでは２０１９年9月の取引開始時からマーケットメイ

図３－３　JEPX スポット市場と電力先物取引の取引高の比較

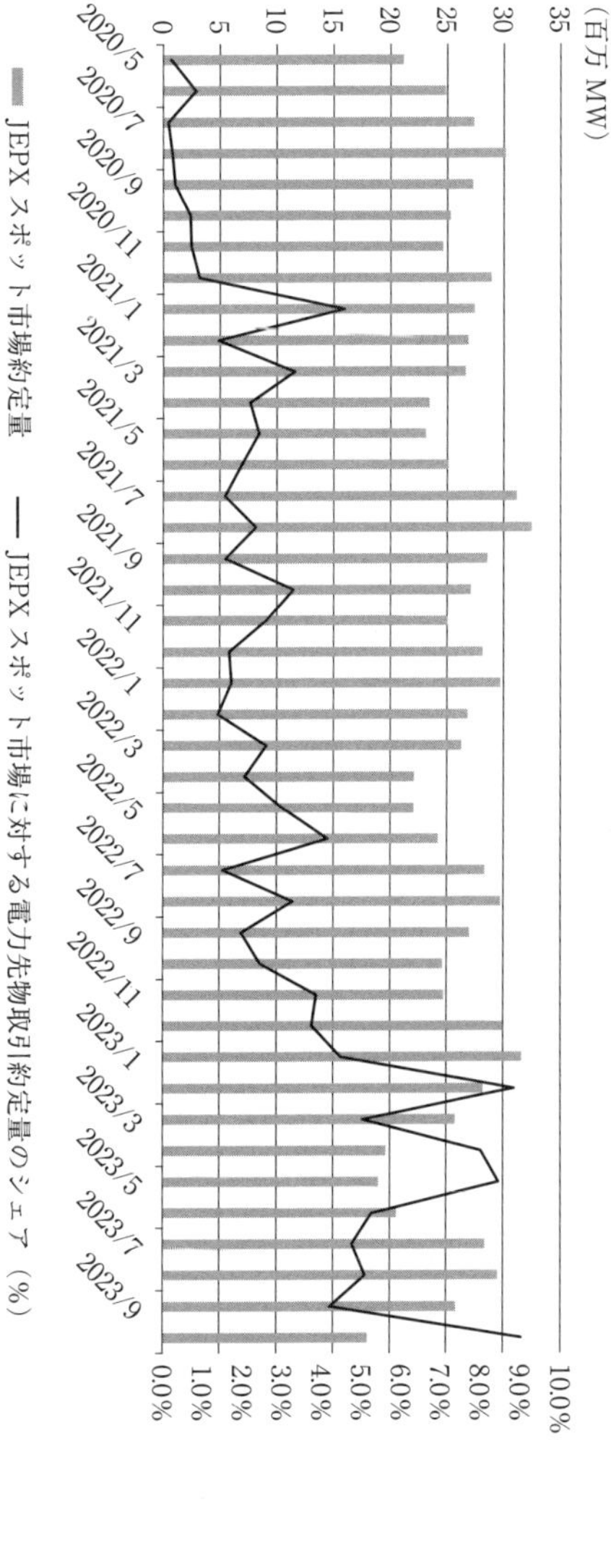

出所：JEPX スポット市場約定量および TOCOM、EEX の取引高を基に経済産業省作成

カー制度が導入されていますが、マーケットメイカーが約定した電力量は全体の約1％に過ぎず、これを増やす余地があるのではないか、また、新電力がメインであり、大規模発電事業者や金融機関による参入等、指定対象者を見直す余地があるのではないか、といった点が検討課題として挙げられています。

電力市場の健全な発展の観点からは、電力先物取引市場の活性化・発展が今後より一層重要性を増すものと思われます。

（※）マーケットメイカーに指定された事業者は、売り気配と買い気配をそれぞれ提示する義務を負う一方で、この義務を履行することでインセンティブ（報酬）を得ることができます。マーケットメイカーが気配提示義務を履行することによって、需給動向を踏まえた公正な価格で十分な量の気配が提示されることになります。マーケットメイカー制度は、希望するタイミングで、より良い価格で売買する環境を提供することを目的としたものです。

6 「同時市場」の導入に向けた検討

ポイント
・電源約定の最適化（メリットオーダー）を実現する仕組み
・Three-Part Offer（起動費等を含めた最適化）と Co-Optimization（同時約定）がキーワード
・現在、同時市場の仕組みの具体化とともに、同時市場導入の可否の判断に資するため、費用便益分析を実施
・同時市場は、安定的な電源投資・維持、燃料確保がされていることを前提として有効に機能するもの。その点を踏まえた設計が重要

背景

現在、短期市場においてはｋＷｈ取引を行うＪＥＰＸの卸電力市場（スポット市場・時間前市場）と⊿ｋＷの取引を行う需給調整市場がそれぞれ存在しています。

しかしながら、2020年度冬季のスポット市場価格の高騰を契機として、次のような懸念が指摘されているところです。

①卸電力市場価格高騰の懸念

a）スポット市場ではブロック入札（※）が認められているが、ブロック入札により、1コマでも約定ができないとすべてのブロックの約定ができない。その結果、kWhに余力があるにもかかわらず市場約定がされない懸念

b）実需給に近づくにつれて、需要や太陽光、風力といった自然変動電源の予測精度が高まり、⊿kWの必要量は低減する。だが、いったん⊿kWとして確保した場合、基本的にはリリースが認められていないため、不要であることが明らかになったとしてもkWhとして供出されないという課題

②調整力調達不足／価格高騰の懸念

卸電力市場におけるkWhの取引と需給調整市場における⊿kWの取引が異なる時間軸で存在している。現状、三次調整力②以外は週間調達となっており、実需給の1週間前ではkWhとしての供給量が確定しておらず、調整力提供者が調整力提供をためらう。その結果、調整力が不足し、調整力価格が高騰するという課題

③メリットオーダー上の懸念

ｋＷｈ取引と⊿ｋＷ取引それぞれでメリットオーダーは実現されているものの、前記のとおり、ｋＷｈの取引と⊿ｋＷの取引が異なる時間軸で存在していることにより、過剰な台数の起動等、電源の運転が非効率になる可能性があり、電源のメリットオーダーが成立しにくい構造になっているという課題

（※）スポット市場においては、基本的には30分コマ単位で量と価格を入札することになりますが、複数コマでのブロック入札、具体的には、２時間以上の時間帯を指定し、時間帯ごとの量、加重平均価格を指定して入札をする方法が認められています。ブロック入札は、火力電源の起動には相当の経費（起動費）を要したり、短時間で出力を大きく増減させることができないといったことを踏まえて、２０１３年2月から卸電力市場活性化の観点で認められているものです。

概要

これらの課題を解決する仕組みとして、現在検討が進められているのが同時市場となります。同時市場とは、再エネの大量導入後であっても安定的かつ持続可能な電力システム

を目指したものであり、売り入札者が3つの電源諸元（ユニット起動費、最低出力コストおよび限界費用カーブ）を売り入札情報として登録（Three-Part Offer）し、市場運営者がそれを基に最経済となる約定電源を決定するとともに、供給力（kWh）と調整力（⊿kW）を同時に約定処理する市場の仕組み（Co-Optimization）をいいます。

同時市場のキーワードは、①Three-Part Offerと②Co-Optimizationとなります。すなわち、電源のメリットオーダーを実現するためには限界費用だけではなく、電源の起動費や最低出力コストを総合的に考慮することが必要となります。市場運営者は、Three-Part Offerで入札された情報を踏まえて最適な約定電源を決定することで、ブロック入札の弊害が解消されます。また、供給力と調整力を同時に約定処理することで、電源のメリットオーダーを実現するとともに、調整力調達不足とそれによる価格高騰の課題が解消されると見込まれます。

同時市場の仕組みを踏まえて現在、調整力必要量の効率化の検討が進められています（※）。また、時間前市場においても同時市場を開催することが検討されており、再エネが市場統合していく中では、時間前市場の活性化も期待されるところです。加えて、前日市場で約定された⊿kWを時間前市場でリリースする仕組みも検討の視野に入っており、こういった取り組みを通じて、⊿ｋＷとして確保されることによる卸電力市場価格高騰の懸念を解消することが期待されます。

具体的なイメージは図3―4をご参照ください。なお、図3―4においては「週間断面での電源起動の仕組みを設ける」こととされていますが、独自の市場などを設けるものではなく、約定処理のロジックにおいて週間断面を踏まえたメリットオーダーを計算し、必要に応じて電源の起動等を指示することで実現することが予定されています。

（※）同時市場検討会においては、暫定的ではあるものの、同時市場に移行した場合の調整力必要量は現行の調整力必要量の50～80％程度となるといった試算が示されています。

今後

同時市場の導入は現時点で決定はしていません。

同時市場等勉強会や同時市場等実務作業部会での議論を経て、２０２３年8月からは資源エネルギー庁と広域機関が共同事務局となって同時市場の在り方等に関する検討会が開催されており、１年程度でとりまとめることを目指して検討が進められています。

同時市場検討会のスコープは、大きく分けて次の2点となります。

図３－４　同時市場のイメージ

具体的な仕組みのイメージ

- **週間断面での電源起動の仕組みを設ける。**
- **前日X時にkWhとΔkWの同時約定市場を設ける。**
  - ✓ 発電事業者が電源諸元（①ユニット起動費、②最低出力コスト、③限界費用カーブ）を市場に登録（Three-Part Offer方式）。
  - ✓ 小売電気事業者は買い入札価格・量（kWh）を入札。
  - ✓ 同時市場において、翌日の需要予測に従って、過不足なく、電源を立ち上げる（kWhとΔkWを確実に確保）。
- 前日市場において一般送配電事業者が確保した電源のうち、kWhの供出が確定した電源などを、時間前市場に投入する。小売電気事業者等は実需給に近づくにつれて精緻化される需要予測を元に、**時間前市場で売買を行う。**
- GCまで小売に配分されていない電源は、一般送配電事業者が実需給断面における需給調整に用いる。

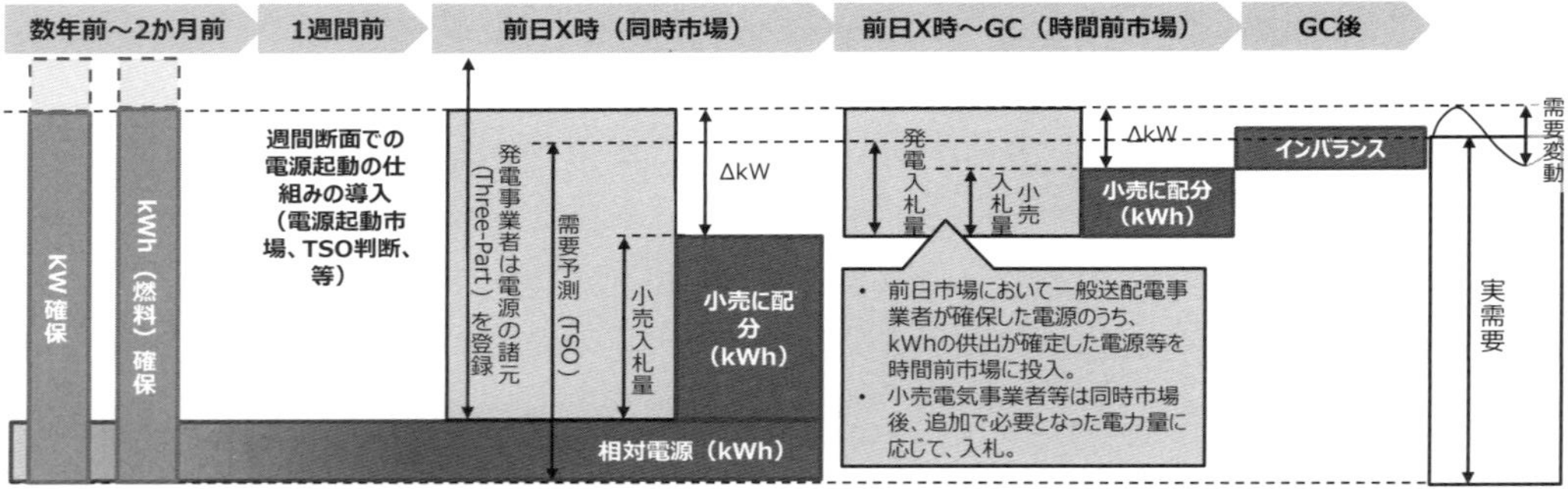

出所：経済産業省　卸電力市場、需給調整市場及び需給運用の在り方勉強会資料

①作業部会において提案された内容を踏まえた、約定ロジックの設計や実現性・妥当性、事業者の実務への影響、関係法令等との関連整理などさらに具体的に検証を行い、同時市場の仕組みをより具体化すること

②①の具体化の結果も踏まえつつ、同時市場の導入の可否の判断に資するため、費用便益分析を行い、その妥当性について評価すること

同時市場は、確保した電源を最大限効率的に活用するとともに、自然変動電源の変動に効率的に対応することを目指したものです。同時市場が機能する大前提は必要な電源（供給力・調整力）が確保されていることですが、必要な電源の投資や維持のためには予見可能性を確保することが重要となります。現在、電源投資や維持の予見可能性を確保するための仕組みとして、容量市場の長期脱炭素電源オークションやメインオークション等が整備されています（第2章参照）。

もっとも、これらの仕組みも完全なものではなく、すべての電源を完全に市場での約定結果に委ねた場合、電源投資・維持の予見可能性が失われることも懸念されます。同様の仕組みが導入されている北米のＰＪＭなどでも自社で発電量を確定させたい範囲については、セルフスケジュール電源として量のみを入札させ、確実な約定が基本的に確保されて

いるところです。また、第2章6のとおり、日本は北米のＰＪＭなどのように天然ガスが速やかに調達できる環境にはないことから、長期契約も組み合わせた形で安定的な燃料調達を実現していくことが安定供給・経済性・エネルギーセキュリティの観点から重要であり、そのためには燃料消費の予見性確保も重要となります。

どのような仕組みとするかは今後の論点になりますが、同時市場は必要な電源が確保されていることが前提となって有効に機能する仕組みであることを認識することが重要です。同時市場の検討にあたっては短期的なメリットオーダーを追求するだけではなく、中長期的な観点からのメリットオーダーを実現するといった視点が重要になってくると考えています。

第4章　電力ネットワークの利用と整備

電力ネットワークについては、レジリエンスの強化および再エネを最大限導入していく観点からも、計画的に送配電網の敷設を実施するとともに、連系する発電事業者等が既存の送配電網を最大限効率的に活用していくことが必要となります。

また、送配電網の利用の対価である託送料金の仕組みや負担者についても、大きく考え方が見直されています。具体的には、効率化を促す観点からレベニューキャップ制度が導入されるとともに、発電側起因の送配電網の整備が行われるケースが多いこと等を踏まえ、発電側にも一定の負担を求める発電側課金制度の導入が進められています。

計画値同時同量制度の下においては、発電側は発電計画と実発電量を、小売側は需要計画と実需要量を、実需給の1時間前までに30分単位で一致させる必要があります。その過不足をインバランスといいますが、インバランス供給・補給の対価であるインバランス料金制度についても、実需給の電気の価格を適切に反映する方向に見直しが行われています。

なお、本章の最後では、インバランス精算の単位であり、インバランスの発生やインバランス料金の負担を軽減する仕組みであるバランシンググループ制度についても解説します。

１　系統整備のあり方

ポイント
・「プル型」から「プッシュ型」の設備形成へ
・広域系統のあるべき姿を描くマスタープラン
・マスタープランを踏まえた系統整備計画の策定の準備とともに、資金調達環境の整備も

背景

垂直一貫体制の下では、需要のニーズに応じて電源を建設し、その需要や電源に合わせて効率的な送配電設備の設備形成が図られていました。

もっとも、現在、電源の系統連系については、従来は先着優先の原則の下、その連系により一般送配電事業者の送配電設備の増強が必要となる場合であっても、費用負担ＧＬの考え方を踏まえて発電設備の設置者が費用を負担すれば、一般送配電事業者は、系統に接

続させる義務があるとされています。このため、特定の発電設備の設置に都度対応して、送配電等設備の整備がなされていくことから、局地的に送電制約を解消することとなっても、電力系統全体からみて効率的な系統整備とはならない場合もあります。特に、2012年7月の再エネ特措法施行以来、再エネの導入拡大に伴い、多数の発電設備が一般送配電事業者の系統へ連系することとなりましたが、既存の系統構成は必ずしも再エネの立地ポテンシャルを踏まえたものとはなっていないため、この問題が顕在化してきました。

そのため、電力ネットワーク形成のあり方として、レジリエンスを強化し、再エネ電源の大量導入を促しつつ、国民負担を抑制する観点から、今後は、電源からの個別の接続要請に対してその都度対応する「プル型」の系統形成から、広域機関や一般送配電事業者が主体的に電源のポテンシャルを考慮し、計画的に対応する「プッシュ型」の系統形成への転換に向けた検討を進めていくことが重要となります。

（1）中長期的な系統形成のあり方（広域連系系統のマスタープランの策定）

概要

前記の背景の下、エネルギー供給強靭化法においては、広域機関が将来を見据え、費用便益評価（B／C分析）の分析に基づいて地域間連系線や地内の基幹送電線等の主要送電線の整備計画をプッシュ型で定める広域系統整備計画を策定し、経済産業大臣へ届け出を行うこととされました（電気事業法第28条の48）。この広域系統整備計画を具体化する前提として、広域連系系統のあるべき姿のグランドデザインを描き、中長期的な系統形成についての基本的な方向性となる広域系統長期方針についても「プッシュ型」の考え方に基づき検討することとされました。広域系統長期方針は、２０５０年カーボンニュートラル実現を見据えた将来の広域連系系統の具体的な絵姿を示す長期展望と、これを具体化する取り組みをまとめたものであり、「広域連系系統のマスタープラン」と位置づけられています。

広域連系系統のマスタープランは、概ね5年ごとに見直すこととされていますが、広域機関の「広域連系系統のマスタープラン及び系統利用ルールの在り方等に関する検討委員会」での議論を踏まえ、２０２３年3月に公表されました。系統増強は需要と電源の立地等のアンバランスを補強する形で行われるものといえます。例えば、需要規模が大きい地域へ電源が立地できれば、特に系統の増強は必要ないところですが、需要地と発電所の立地が離れている場合、電源立地地域から需要地へ送電するための系統の増強が必要となります。このように、増強方策および増強規模は需要と電源の立地等のアンバランスの度合いによると考えられることから、政策誘導等により、需要と電源の立地等のアンバランスが一定程度解消されていくシナリオを「ベースシナリオ」、アンバランスが大きくなるシナリオを「需要立地自然体シナリオ」、さらなる需要の立地誘導によりアンバランスが小さくなるシナリオを「需要立地誘導シナリオ」として設定し、各シナリオにおいて、費用便益評価を踏まえて、系統増強方策が示されました。

ベースシナリオにおいては、再エネの電気を効率的に大消費地である東京エリアへ送るためには経済性の観点から海底直流送電（ＨＶＤＣ）が必要であり、その増強規模は、Ｂ／Ｃ分析および再エネ出力制御率から北海道〜東北間６００万ｋＷ、東北〜東京間８００万ｋＷ程度が有力とされています。また、中西地域では、関門連系線の増強規模を２８０万ｋＷと見込み、周波数変換設備（ＦＣ）は、現行の３００万ｋＷの増強計画から、さらに２７０万ｋＷの増強までは便益がコストを上回るとされています。系統増強の投資額は約６兆〜７兆円と試算されています。年間コストの５５００億〜６４００億円に対して、火力が再エネに置き換わることによるＣＯ$_2$削減効果などの年間便益は、４２００億〜７３００億円と見積もられています（**図４—１**参照）。

図4－1　広域連系系統のマスタープラン（ベースシナリオ）

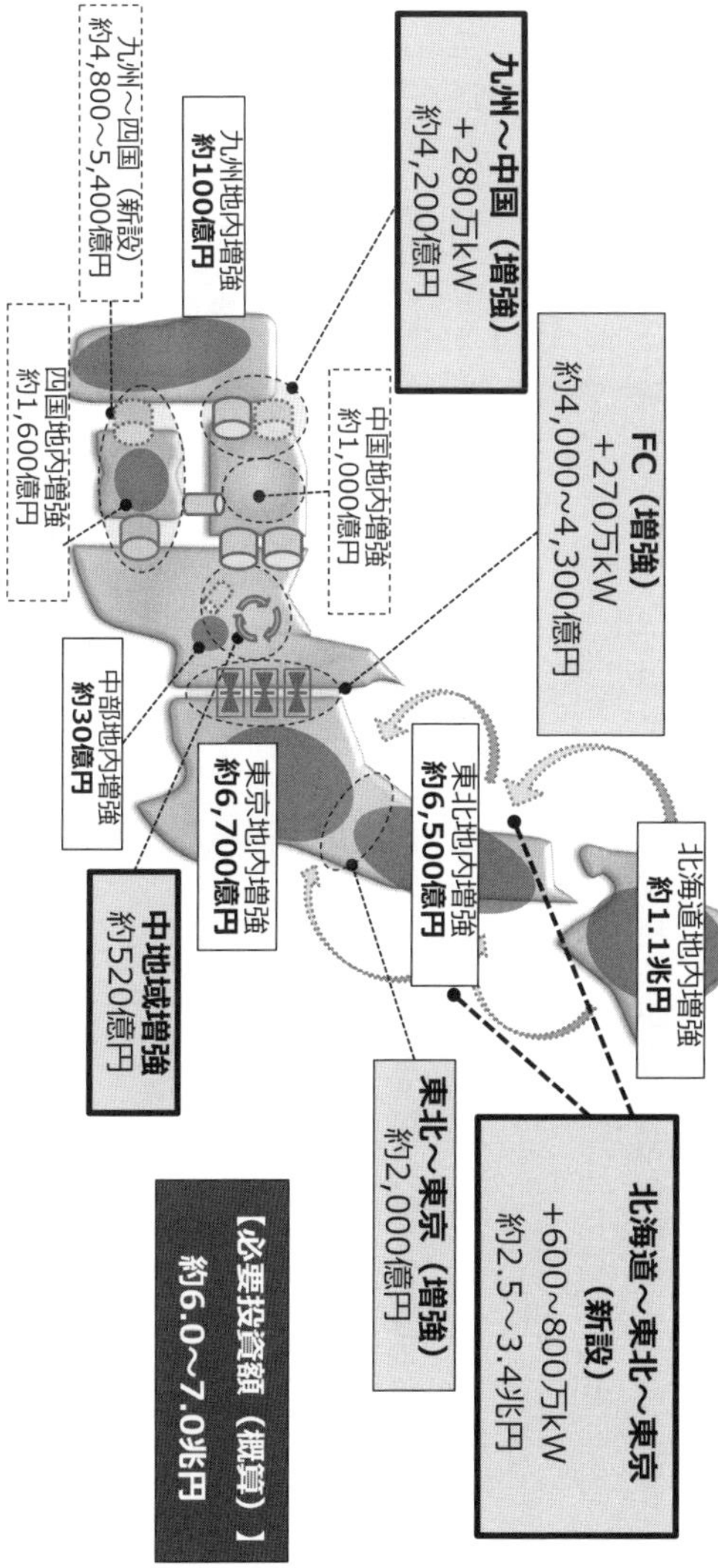

出所：電力・ガス基本政策小委員会資料

また、長期展望の具体化に向けて、広域連系系統の整備計画による具体化とともに、日本版コネクト&マネージの導入や高経年化設備の適切な更新に取り組むこととされています。

(2) 全国調整スキーム

(a) 再エネ特措法上の賦課金方式(系統設置交付金)

風力等については風況・海象等が良い適地と大消費地が遠く離れていることから、再エネの主力電源化の観点からも、地域間連系線の増強が行われなければ、需要地に電力を十分に送ることができません。

また、再エネの地域偏在性により、再エネの導入による環境負荷低減効果は全国大で需要家にメリットのあるものといえますが、従来の電力ネットワークの費用負担においては、発電所が設置される場所を供給区域とする一般送配電事業者が負担することとなり、地域間で系統増強にかかる負担格差が生じる可能性があり、メリットを受ける者と負担する者にギャップが生じる可能性があるところです。

そのため、エネルギー供給強靭化法において、全国一律で回収をする再エネ賦課金を原資とし、系統増強に係る費用のうち再エネ導入の便益に相当する部分につき、広域機関が系統設置交付金として交付金を交付することとされました。

なお、再エネの主力電源化に向けては、地域間連系線だけでなく地内送電線の整備も併せて重要であることから、地域間連系線の増強に伴って一体的に発生する地内系統の増強についても、交付の対象に含まれています。

（b）全国託送方式およびJEPXの値差収益の活用（広域系統整備交付金）

地域間連系線とその増強に伴って一体的に発生する地内系統の増強費用のうち、再エネ以外の電源由来の電力価格低下・CO_2削減効果（以下「再エネ以外の便益」）については、系統がつながっている沖縄電力エリア以外のエリアにも裨益することから、沖縄電力を除く9社が当該便益に対応する費用の50％を負担し、残りの50％を両端エリアの一般送配電事業者が負担することとされています（全国託送方式）。また、JEPXの値差収益を原資とする広域系統整備交付金についても、再エネ以外の便益に対応する費用に対して活用することとし、その割合は、再エネ以外の便益に係る費用の2分の1とされています（**図4―2**参照）。

図４－２

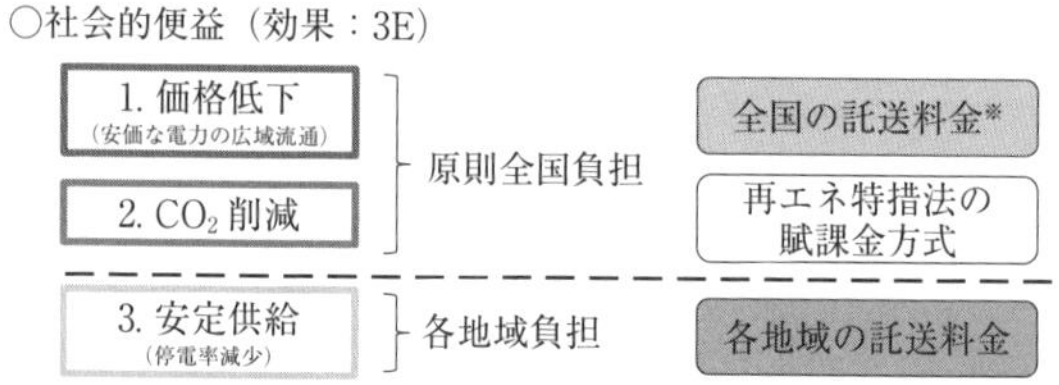

※JEPX の値差収益も充てられる

（3）運用開始前の資金調達の円滑化や完工遅延リスクへの対応

前記のとおり、系統設置交付金は、送電線の運用開始後の交付を前提としており、運用開始前の資金調達の円滑化や完工遅延リスクには対応できていませんでした。そのため、２０２３年５月に成立したＧＸ脱炭素電源法（第１章７概要（３）参照）において、新たに事業実施主体が作成する整備等計画を経済産業大臣が認定するスキームが新設されることとなりました。当該認定を受けた事業者は、利息相当分などの将来的なコスト削減の効果が認められる費用を工事開始日から使用する日の前日までの期間にわたって回収するための交付金（特定系統設置交付金）の交付を受けることができるとともに、広域機関からの貸し付けを受けることができるようになります。整備等計画に認定にあたっては、特に資金調達環境の整備が必要となるものとして、距離については１００ｋｍまたは設備容量については１００万ｋＷを基準とすることとされています。

（4）一括検討プロセスの導入

従来、個別の系統の連系のための接続検討や発電設備設置者間の費用負担の平準化を図る仕組みとして電源接続案件募集プロセスが行われていました。しかし、同プロセスについては、現に要請のある事業者のみを考慮する形で設備形成を行うという点で、中長期で見た場合に最適な設備形成が行われるとは限らず、結果として事業者・需要家の負担が増加する可能性があることや、電源接続案件募集プロセスにおいては、途中で事業者が脱退した場合は改めて検討をすることが必要となるなど、そのプロセスが長期化するといった課題が指摘されていました。

これを受けて、２０２０年10月に施行された広域機関の業務規程および送配電等業務指針に基づき、個別の接続検討において現状の空き容量に連系できない場合は、一般送配電事業者が主体となってその系統における系統連系希望者を募集し、検討を行う「一括検討プロセス」が開始されています。対象となるのは、ノンファーム型接続の対象となっていない設備です。すなわち、ノンファーム型接続が適用される設備の場合、系統増強せずに系統連系することが可能となり、系統増強は費用便益評価に基づき行われることになります（※）。一方で、ノンファーム型接続が適用されない設備に関しては、系統連系希望者からの申し込みに基づく接続検討の結果、送電系統の容量が不足すれば、増強工事が必要となる場合があり、効率的な設備形成の観点から一括検討プロセスを行う必要性が生じることになります。ノンファーム型接続については、本章3をご参照いただければと思いますが、２０２１年1月から空き容量のない基幹系統が対象となっていましたが、２０２２年4月からすべての基幹系統が、２０２３年4月からローカル系統がノンファーム型接続の対象となっていることから、２０２３年４月以降はそれ以外の系統、すなわち原則、配電用変圧器および特別高圧の配電設備が一括検討プロセスの対象とされています。

また、この一括検討プロセスにおいては、系統連系希望者は費用負担の負担可能上限額を申告することとされており、その範囲内であれば、仮に途中で系統連系希望者が脱退したとしても、一括検討プロセスのやり直しをしないことで、当該プロセスの長期化を防ぐ仕組みを構築しています。一括検討の開始から完了までは、原則として1年程度が想定されています。一括検討プロセスの具体的な手続き等の詳細は、広域機関が公表している「業務規程第80条の規定に基づく電源接続案件一括検討プロセスの実施に関する手続等について」（２０２３年４月）をご参照ください。

（※）ただし、ローカル系統を対象として、費用便益評価に基づく効率的な設備形成を補完する限定的スキームとして、発電事業者の申し出により、混雑緩和に対して系統増強が有効であるか等を相互確認するステップ（事前照会）を設けたうえで、詳細な技術検討や契約手続き等を行い、発電事業者の負担を原則として系統増強を行う「混雑緩和スキーム」が導入されています。

今後

広域連系系統のマスタープランについては、カーボンニュートラルの実現に向けた系統形成のあり方を検討する上で極めて重要なものとなります。現在は、マスタープランを踏まえて、広域系統計画の策定の準備が進められています。本来であれば、マスタープランの策定を待って広域系統整備計画の計画策定プロセスを開始すべきですが、東地域（北海道〜東北〜東京間）や中西地域（関門連系線、中地域）の地域間連系線の増強計画については、再エネの導入を加速化する政策的観点から２０２２年７月に開始されています。

具体的には、東地域については、日本海ルートでの２００万ｋＷの増強を基本として、２０２３年度内めどで基本要件を策定し、２０２４年度には事業実施主体を募集の上決定して、広域系統整備計画を策定する方針が示されています。また、中西地域のうち中地域については、中地域交流ループおよび中部関西間第二連系線整備によって中地域全体の運用容量の拡大を図る方針が示されており、２０２３年12月に基本要件および受益者の範囲が公表されています。それによれば、概算工事費４５０億円、所要工期は6年程度とされ、２０２４年6月には広域系統整備計画を策定することが予定されています。西地域の関門連系線については、早期運開を目指す観点から、将来的な２００万ｋＷへの拡張性を考慮した上で、まずは１００万ｋＷでの運転開始を目指すことが検討されており、こちらは東地域と同様に２０２３年度内めどで基本要件を策定する方針が示されています。

特に、東地域の海底直流送電については、日本においてはこれまでに例を見ないプロジェクトとなります。実務面での課題は多く残っているものと思われますが、２０２３年10月からは広域機関の作業会メンバーを追加して検討体制の充実を図っています。着実に検討が進むことが期待されます。

2　地域間連系線利用ルール（間接オークション・間接送電権）

ポイント
・２０１８年10月から変更（先着優先から間接オークションへ）
・スポット市場を利用するため、価格変動リスク、市場分断リスクが生じる
・差金決済（特定契約）、「間接送電権」などを活用してリスク回避

背景

従来、地域間連系線（以下「連系線」）は、先着優先ルールが採用されていました。すなわち、小売電気事業者が先着で連系線の利用枠を押さえていれば、発電事業者との間の相対の卸供給契約（以下「受給契約」）により、一般送配電事業者の供給エリアをまたいで供給を受けることが可能とされていました。例えば、発電事業者が東北電力ネットワークのエリアで発電した電力を、東京電力パワーグリッドのエリアの小売電気事業者に供給する場合などが該当します。

もっとも、先着優先ルールについては、先着順で容量を割り当てることが公正性を欠く（1分1秒を争う競争が発生することになる）といった指摘のほか、先着の電気事業者は半永久的に連系線の容量を確保することができるため、先着の事業者と後発の事業者との間の公平性を欠くといった課題が指摘されていたところでした。

概要

これらの課題に対処すべく、２０１８年10月から、「間接オークション」ルールが導入されました。間接オークションルールは、すべての連系線を利用する権利または地位を、スポット市場の落札者に割り当てるルールをいいます。これにより、スポット市場での価格が安い電源の電気が連系線を活用できることになり、電源のメリットオーダーの実現に資することになります。また、連系線の利用率の向上や市場取引の増加にもつながります。実際に、間接オークション導入直後のスポット市場の取引量は、導入前と比較して約１・５倍に増加しています。

間接オークションルールの下では、連系線を利用するためには、すべてスポット市場に入札することが求められることから、従来のようにエリアをまたぐことを前提とした受給契約が締結できなくなります。そのため、連系線を利用する場合、従前のルールと比較すると、次の2つのリスクが生じることとなります。

①スポット市場を利用することによって生じる電力の販売価格・調達価格の変動（ボラティリティ）リスク

②スポット市場が市場分断した場合の市場間の値差リスク

これらのリスクについては、それぞれ、次のような対応が考えられるところです。

(1) 電力の販売価格・調達価格の変動リスクに対する手当てについて

まず、一つの方法としては、受給契約を結んでいた発電事業者と小売電気事業者との間で特定契約を締結することが考えられます。ここでいう特定契約とは、売り手と買い手がスポット市場を通じて取引を行った上で、あらかじめ合意した固定価格（特定価格）との差額を精算する合意であり、実質的に特定価格で電気の売買を行った場合と同様の経済的な効果を得る仕組みをいいます。

具体的には、制度検討作業部会中間とりまとめによれば、「JEPXのスポット市場を介して電力を売渡すこと」、「特定価格を合意すること」、「特定価格の一部（市場価格）が

ＪＥＰＸで決済されること」、「特定価格と市場価格の差額を直接支払うこと」を内容とした契約をいいます。「ＪＥＰＸのスポット市場を介して電力を売渡すこと」については、基本的に電力の受け渡しを確実に行うことが必要となるため、確実に約定できる価格（例えば、売り入札を行う事業者は０・01円／ｋＷｈ、買い入札を行う事業者は９９９円／ｋＷｈ）で入札を行うことになります。

特定価格は、受給契約を締結したと仮定した場合における電力量料金（ｋＷｈ）単価が一つの基準になると思われます。なお、特定契約の締結による方法は、前記のとおり、差金を決済するものであり、先物（デリバティブ）取引に該当するようにも思われますが、特定契約の要件にあるように、電力の取引と一体の契約で行われることから、「先物（デリバティブ）取引には該当しない」と整理されています（金融商品会計基準上のデリバティブに該当しないことについては、制度検討作業部会中間とりまとめ参照）。

このほか、受給契約を締結することを前提としつつ、①のリスクに対応する手法としては、地域間連系線を介して電気の受け渡しを行うのではなく、同一エリア内で受け渡しをする受給契約を締結し、電力の供給を受けた事業者が供給元エリアでスポット市場の売り入札を行うとともに、供給先エリアでスポット市場の買い入札を行うという方法も考えら

図4－3　販売価格・調達価格の変動リスクに対する手当て

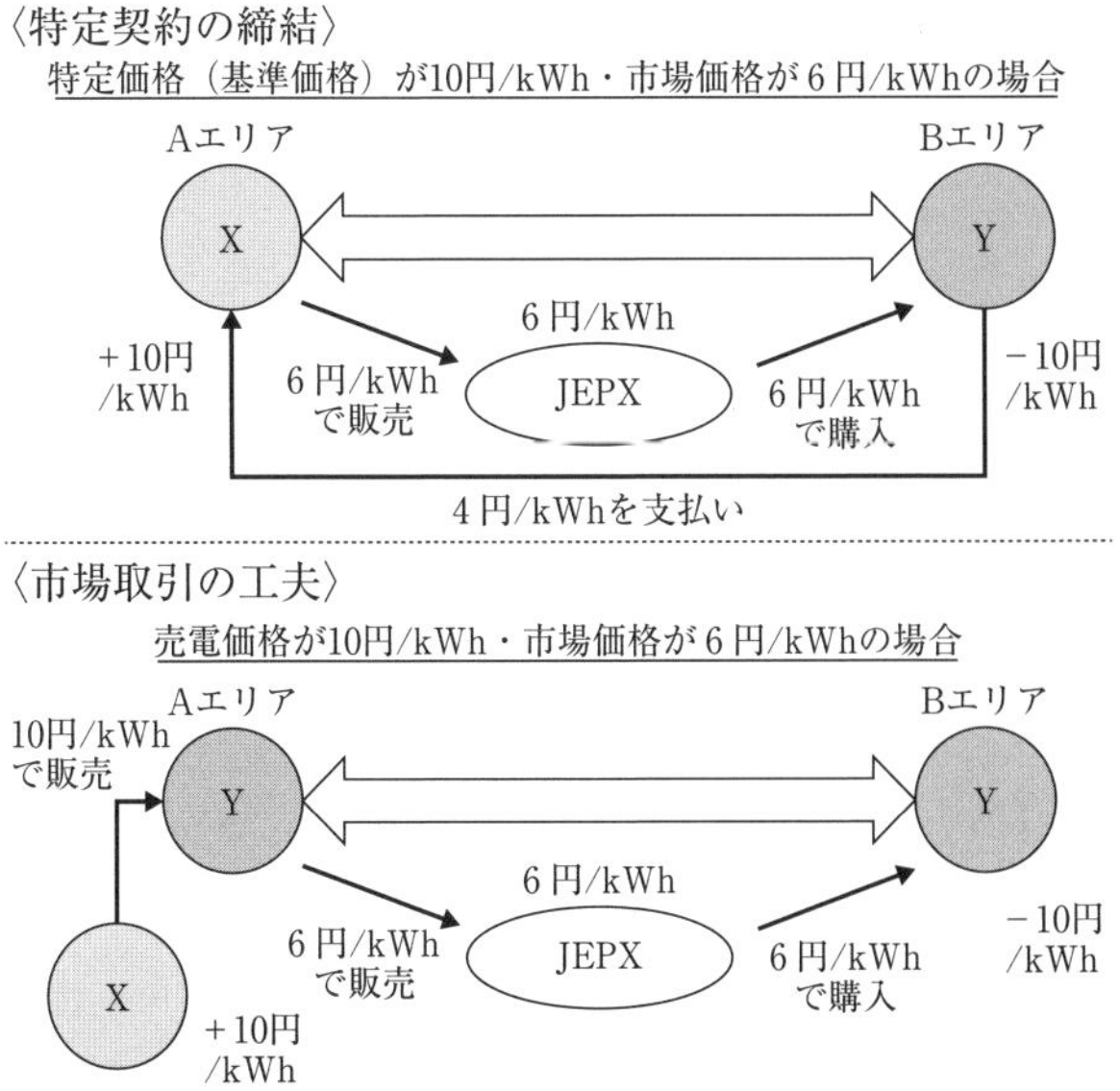

出所：広域機関　地域間連系線の利用ルール等に関する検討会資料

れるところです。

具体的なイメージは、図4—3をご参照ください。

（2）市場分断した場合の市場間の値差リスクに対する手当てについて

エリアをまたぐ取引量が連系線の送電可能量を上回る場合、エリア間で市場が分断され、約定価格は全国一律ではなく、分断されたエリアごと、個々に約定処理をした価格が適用されます。そのため、（1）の販売価格・調達価格の変動リスクに対

図４－４　市場分断が発生した場合の市場間値差リスク

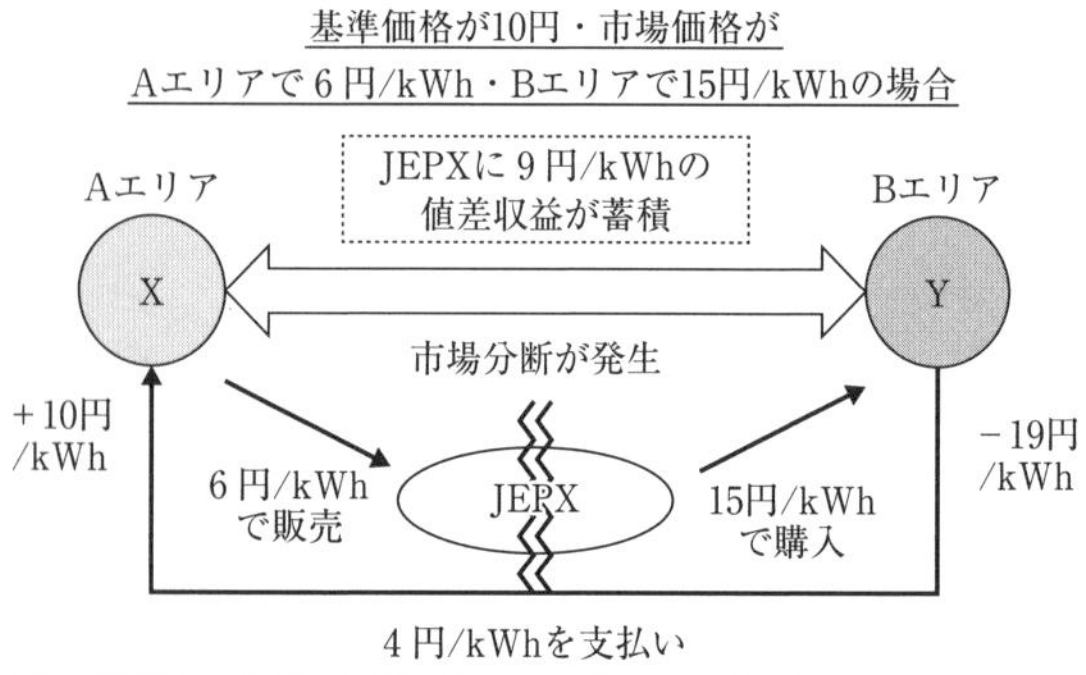

出所：広域機関　地域間連系線の利用ルール等に関する検討会資料

する手当てをしていた場合であっても、市場間の値差に相当する金員の損失を被る可能性があります。**図４－４**を例にとると、Ｙは、市場間値差（Ａエリアの６円とＢエリアの15円の差額）に相当する９円の損をすることになります。

この市場間値差リスクに対する手当てとしては、次の方策が考えられます。

（ａ）「間接送電権」の取得

「間接送電権」とは、市場分断が発生した場合に、スポット市場で実際に約定した電力量の範囲内で、市場間値差に相当する金銭をＪＥＰＸから受け取る権利をいいます。**図４－５**を例にとると、間接送電権を保有するＹが市場間値差に相当する金銭（９円）の支払いをＪＥＰＸから受け取る権利をいいます。

図4－5　間接送電権をYが有する場合のイメージ

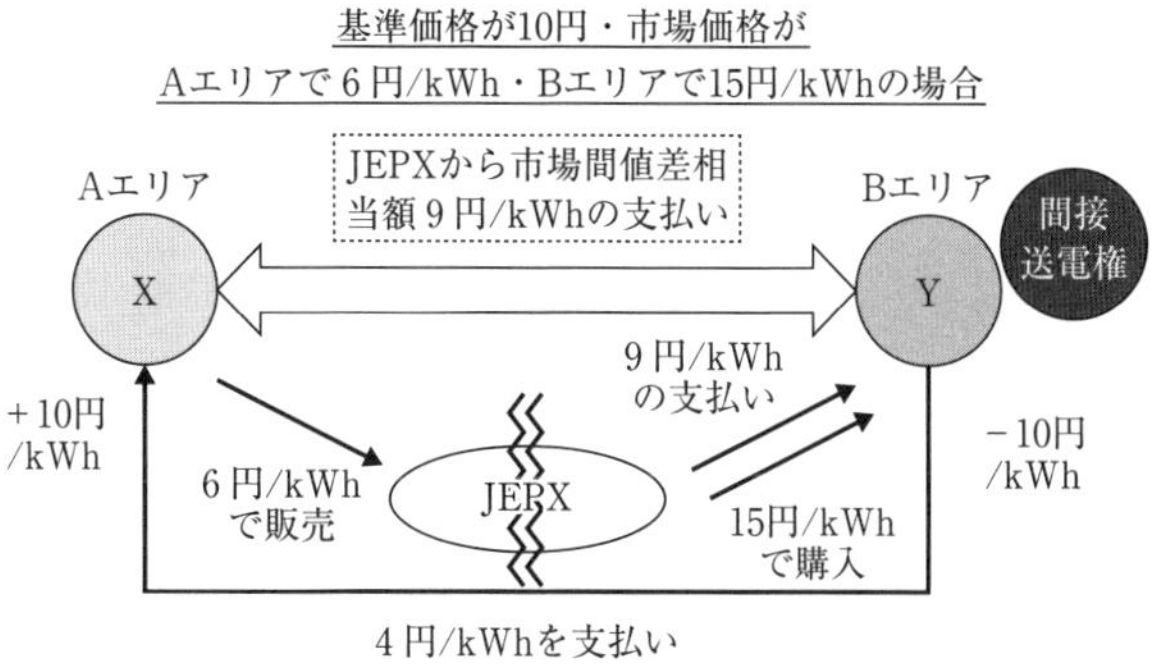

出所：広域機関　地域間連系線の利用ルール等に関する検討会資料

この支払原資は、ＪＥＰＸに留保されている値差収益（**図4－5**でいえば、ＪＥＰＸがＹから受け取る15円とＸに支払う6円との差の9円）とされています。

このように、事業者はＪＥＰＸが発行する間接送電権を保有することで、市場間値差リスクの手当てができるようになります。

間接送電権については、制度検討作業部会中間とりまとめによれば、間接送電権の保有量がスポット市場の売り約定量、買い約定量の合計値を上回る場合には、その上回る部分については間接送電権による精算を行わないとされており、転売も禁止されています。このように、電力取引と一体として行われる限りにおいて、間接送電権も「デリバティブ取引には該当しない」と考えられています（同中間とりまとめ）。

間接送電権は、２０１９年４月から取引が開始され、市場分断が生じる可能性の高い「週間・24時間型」の次の６商品が発行されています。「↑」「↓」は、電気の流れる向きを意味しています。

①北海道エリア↑　東北エリア（北本逆向き）
②東京エリア　↓　中部エリア（ＦＣ順向き）
③東京エリア　↑　中部エリア（ＦＣ逆向き）
④関西エリア　↑　四国エリア（阿南紀北逆向き）
⑤中国エリア　↑　四国エリア（本四逆向き）
⑥中国エリア　↑　九州エリア（関門逆向き）

（ｂ）経過措置対象事業者

２０１６年４月の時点で連系線の利用登録を行っている小売電気事業者に対して、２０１６年４月から10年間、市場間の値差を精算する権利、すなわち、間接送電権に類似した権利が経過措置として無償で付与されています。これは、従来、連系線の利用権を確保していた事業者の権利を一定の範囲で保護するために付与されたものです。この権利が付与されるためには、小売電気事業者と発電事業者の相対卸取引が従来と等価になっていること、すなわち（1）電力の販売価格・調達価格の変動リスクに対する手当てを行っていることが前提となる点には留意が必要となります。

今後

電源のメリットオーダーの観点や効率的な系統利用については、地域間連系線に限られる問題ではなく、地内系統の利用ルールも同様にあてはまる問題であり、実際に地内系統の利用ルールについても見直しが進められています。

この点については、次項で詳しく説明します。

3　新たな地内系統利用ルール

ポイント
・再エネ主力電源化を効率的に進めるため、既存の送配電設備を最大限活用
・日本版コネクト＆マネージを２０１８年から導入、系統への接続をしやすく
・地内基幹送電線についても、「先着優先」から「メリットオーダー」へ

背景

再エネの主力電源化により、既存の送配電設備は再構築が必要となりますが、同時に設備投資を最大限効率化して、早期に再エネ電源を系統に接続できる仕組みを整えることも重要になります。

発電設備は需要や気象状況（日照・風況）に合わせて稼働するため、常に送変電設備の容量を使い切っているわけではありません。このため、既存の設備の運用方法を見直し有効活用すれば、新たな設備増強をせずに利用することも可能になります。こうした新たな

運用手法を「日本版コネクト＆マネージ」と呼び、順次運用が進められています。

概要

日本版コネクト＆マネージでは具体的に「想定潮流の合理化」「Ｎ－（マイナス）１電制」「ノンファーム型接続」の３つの対策を実施しています。

(1) 想定潮流の合理化

一般送配電事業者は、送変電設備への潮流を想定して空き容量を算定しますが、その系統に接続されている電源がすべて同時にフル稼働することはまれです。また、同じ地域に需要があれば潮流はその分差し引かれることになり、こうした発電所の稼働と電力需要を考慮しながら潮流の最大値を算定することで、空き容量を増やし設備投資を抑制することができます。これを「想定潮流の合理化」と呼び、２０１８年４月から統一した算定ルールにより、全国で適用されています。

想定潮流の合理化の適用による効果として、全国で約５９０万ｋＷの空き容量の拡大が確認されています（**図４―６**参照）。

図4－6　想定潮流の合理化イメージ

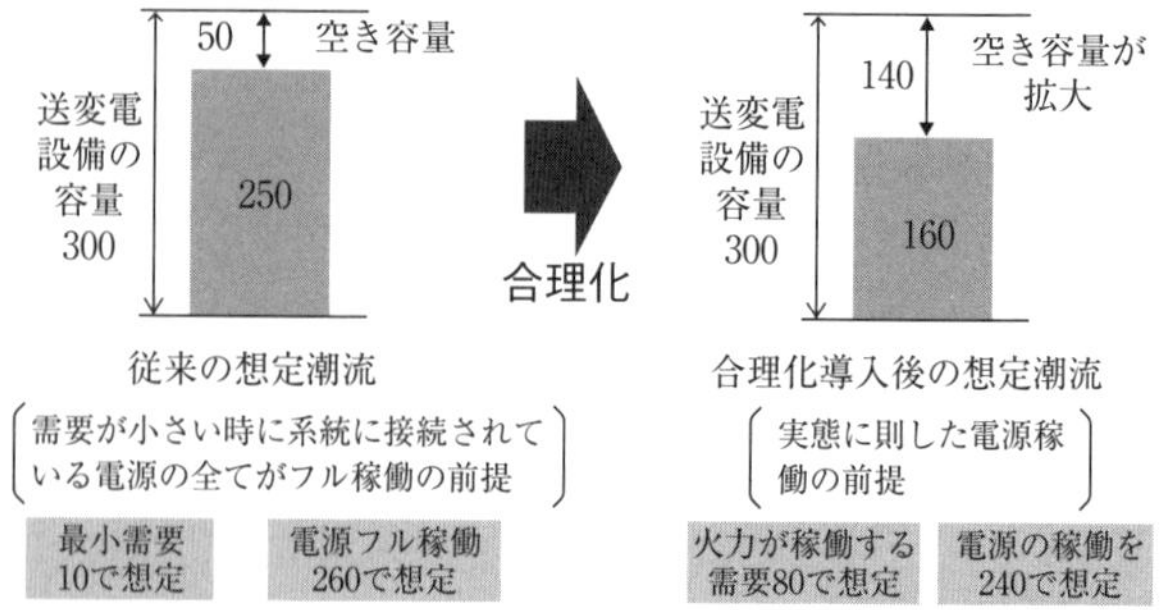

出所：広域機関ホームページ

（2）N－1電制

複数の設備中1台が故障（マイナス1）することをN－1故障と呼び、N－1故障が起きても電力供給に支障を起こさないという考え方をN－1基準と呼びます。多くの送電線は1回線が故障しても、もう1回線で送電を継続できるよう、2回線以上（ほとんどは2回線）で構成し、送変電設備の連系可能量を半分（1回線）程度としています。この運用を変更し、送変電設備の連系可能量を2回線容量まで拡大し、故障時には、電制（電源を遮断または出力制御）することで設備を有効活用する方法を「N－1電制」と呼びます。この場合、後続の事業者は、故障時には電制されることを同意の上、連系することになります。N－1電制は、制御量が多くなるなど安定供給を損なうおそれがある系統には適用できないため、特に影響の大きい一

図４－７　N－１電制適用による連系容量増加

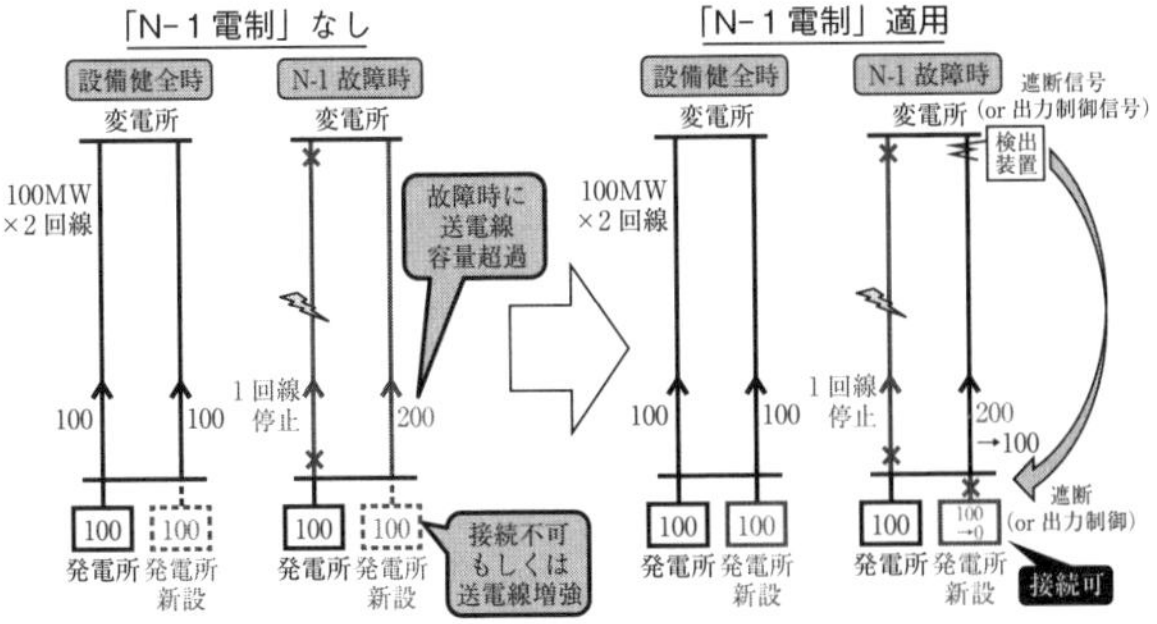

出所：広域機関ホームページ

部の基幹系統には適用されません。

２０１８年10月から、特別高圧系統へ接続する新規電源を対象にＮ－１電制の適用が開始されています（先行適用）。これにより、約４０４０万ｋＷの連系容量の拡大効果が確認されています。これは、電制をする装置をつけることが可能な電源が特別高圧以上のものに限られるところ、自ら電制を実施できる電源（電制実施電源＝機会費用の損失者となる電源）に限って先行的に適用することとなったものです。

もっとも、２０２２年７月からは、特別高圧の系統に接続する電源は、既設電源も含めすべてＮ－１電制対象電源の対象とされています（本格適用）。ただし、Ｎ－１電制の対象となる電源は固定化されることになることも踏まえて、Ｎ－１電制に伴い電源側に生じる費用のうち、電制装置設置に係る費用は一般負担、電制された電源側に発生する代替電源調達費用や電源の再起動費用についても、当面は一般負担とすることを前提としています（図4—7参照）。

(3) ノンファーム型接続

平常時に必要な容量が確保されている（Firm＝ファーム）接続方式をファーム型接続と呼ぶのに対し、平常時でも容量が確保されていない（non-firm＝ノンファーム）場合でも接続する方式を「ノンファーム型接続」と呼んでいます。電源の送変電設備への連系可否は、基本的には電源の最大出力を前提として検討を実施することから、系統連系の時点では系統容量に空きがないと判断されていても、実際の系統状況は、発電設備の稼働状況や需要の動向により時々刻々と変化することから、空きが生じていることが少なくありません。ノンファーム型接続は、この既存設備の空き容量を活用することで設備の増強を行うことなく接続することを目的としたものとなります。ただし、N－1電制と異なり、送変電設備の事故や故障などがない平常時であっても、空いている容量の範囲で稼働することが前提となります。そのため、運転可能な空き容量が十分でない場合、ノンファーム型接続の電源に対しては出力制御が行われることとなります。

ノンファーム型接続は、系統の増強をした場合に費用対効果が悪い系統に対して適用することとされ、２０１９年9月から千葉エリア、２０２０年1月から北東北エリアと鹿島エリアで先行して実施されています。２０２１年1月からは空き容量のない基幹系統に適用されています。これに加え、２０２２年4月１日以降に接続検討の受け付けを行った案件のうち受電電圧が基幹系統の電圧階級である電源については、連系先の基幹系統の空き容量の有無にかかわらず、ノンファーム型接続が適用されています。

また、２０２３年4月からは、ローカル系統についても、その後に接続検討の受け付けを行う電源に対してノンファーム型接続が適用されています。

なお、ノンファーム型接続による連系量の拡大を目指す観点からは、出力制御の予見性を高めることが重要になります。そのため、エリア全体での需給バランスによる出力制御および送電線の容量による出力制御を発電事業者自らがシミュレーションできるように制約の種類に応じた系統情報等の公開・開示も行われています（詳細は、系統情報公表ＧＬ参照）。

（4）混雑管理のあり方

送変電設備に空き容量がない場合でもノンファーム型接続によって系統への接続は可能となりましたが、もともと、系統容量を確保していた電源（ファーム型接続）は出力制御されないことが前提となっています。しかし、一般的に新しい電源は発電効率がよく、再エネであれば燃料費がかからないなど、発電することで生じるコストが低い電源になります。このため、系統容量を確保した順番（先着順）ではなく、市場価格が安い（＝運転コストが安い）電源から順番に運転した方が社会的なコストが低減され、電源のメリットオーダーが実現されることになります。また、混雑費用（平常時に出力抑制＝混雑処理がされる場合において、それを実施したことにより生じる費用）がかかることにより事業者が混雑系統を回避する選択肢を持つように、価格シグナルによる電源の新陳代謝を促すことも重要となります。このため、広域機関を中心に、系統の混雑、すなわち潮流が送変電設備の容量を超過する、または超過するおそれがある状況が発生した場合において、次のとおり、従来の先着優先から、メリットオーダーの実現と適切な価格シグナルによる電源の新陳代謝の促進を目指した新たな仕組みの検討が進められ、まずは、系統運用者によるメリットオーダーを実現する再給電方式が導入されることとなりました。

再給電方式は、系統の混雑が生じた場合において、ゲートクローズ（GC＝計画提出期限である実需給の1時間前）の後に、一般送配電事業者が混雑系統で運転費用の高い電源の出力を下げ、代わりに混雑していない系統の電源の出力を上げる指示を出す方式をいいます。これにより、空き容量がない系統においても運転費用の安い電源を優先的に発電することが可能となりメリットオーダーが実現されます。この運転費用については、あらかじめ一般送配電事業者が各電源から報告を受けてそれに基づき出力抑制等の指示を実施することになります。

もっとも、この場合の混雑処理に係る費用（出力を下げた電源の運転費用と出力を上げた電源の運転費用を比較して後者が高い場合における運転費用の差額）の負担については、価格シグナルにより効率的な電源投資を促進するという観点からは混雑地域の発電事業者が負担する案が合理的である一方、当初は、システム改修費用等の実務面の負担も考慮して、一般負担（一般送配電事業者の託送料金により回収される）とされています。ただし、混雑の頻度・量の見通しなどについて大きな状況の変化があれば、混雑地域の発電事業者が負担する案を含め、改めてあり方を検討することとされています。

再給電方式の場合、電源の新陳代謝を促し効率的な電源投資を促進する観点については、混雑系統の状況を公表することにより図ることとなります。

２０２２年12月21日から、調整電源（一般送配電事業者が調整力契約をしている電源）を活用して基幹系統の混雑を解消する、再給電方式が導入されています。２０２３年12月28日からは、調整電源以外の電源も含め一定の順序により出力制御し基幹系統の混雑を解消する再給電方式が導入されました。また、ローカル系統については、一定の順序による再給電方式と同様の出力制御方法（調整電源を除くノンファーム型接続適用電源は発電計画値の変更を伴う）で混雑を解消するとされています。

今後

現在の再給電方式では、混雑費用は一般負担とされていることから価格シグナルによる電源の新陳代謝を促すことができません。一方で、市場主導型の場合は市場で落札された電源から順に送電線を利用する方式であり、基本的には市場原理によりメリットオーダー順で送電線が利用されます。また、混雑エリアでは市場分断によって他のエリアより市場価格が安くなるため、これから発電所を建設しようとする事業者が自然と空き容量のない地域を避けるという効果も期待でき、メリットオーダーの実現と価格シグナルによる電源の新陳代謝の両立を図ることが可能となります。こうした方式を市場主導型の中でも「ゾーン制」と呼びます（**図４—８参照**）。ゾーン制よりもさらに狭い範囲を対象に、よりきめ細やかにメリットオーダーに基づく送電線利用を行う「ノーダル制」と呼ばれる方式もあります。ノーダル制の導入にあたっては、システム開発で7、8年ほどかかるとされています。

現在、日本においても同時市場の検討が進められていますが、同時市場と同様の仕組みを導入している北米のＰＪＭ等はノーダル制が導入されています。広域機関における議論では今後、適用が合理的と考えられる系統への選択肢としてゾーン制を議論し、長期的な視点で議論を要する選択肢としてノーダル制を議論する方向性が示されています。一般送配電事業者がコストを把握してきめ細やかに混雑管理を行うことについては一定の限界があることから、同時市場導入のタイミングも踏まえて、市場主導型への移行の要否を視野に入れた議論を開始すべき時期が来ているように思われます。

なお、既に系統へ連系をしている電源については、系統連系の際に、平時において出力抑制がされないことについて一般送配電事業者との間で一定の合意がされていたと評価できるところです。そのため、ゾーン制やノーダル制の導入においては、既に系統連系をし

図4−8　市場主導型（ゾーン制）のイメージ

〈系統混雑がない場合〉
Aエリア需要50＋Bエリア需要150
＝ABエリアで落札される発電は200

〈系統混雑がある場合〉
・ABエリアで落札される発電は350（左図より需要が増加）
・ただし、Aエリアで落札される発電は250が上限
（Aエリア需要100＋Bエリアに送れる150）

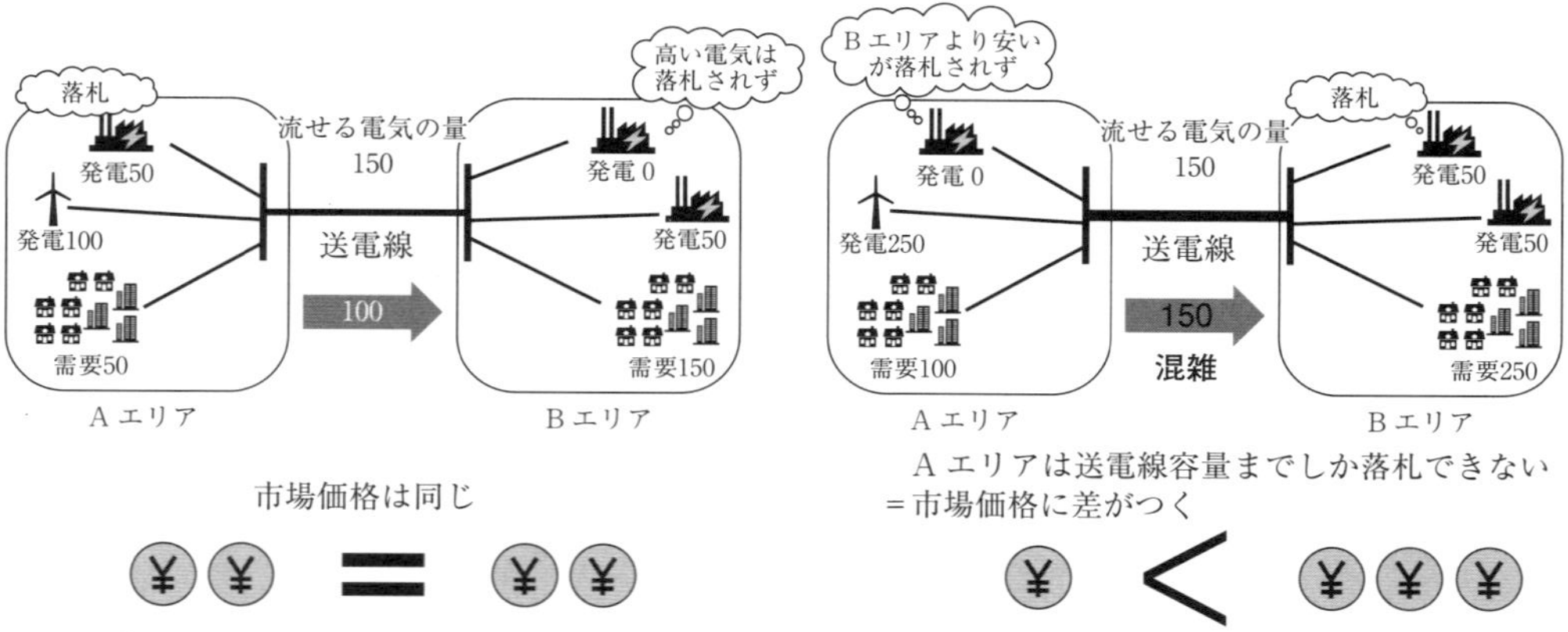

出所：広域機関ホームページ

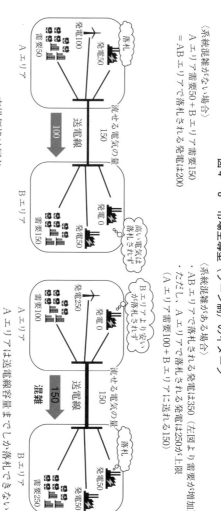

ている電源に対する適用のあり方については、政策的な意義・必要性とノーダル制の導入により受ける不利益の内容・程度、当該不利益を回避するための代替措置の有無等を総合的に考慮した検討が必要となります。

4　レベニューキャップ制度

ポイント
・2023年度から託送料金制度が「総括原価方式」から「レベニューキャップ（収入上限）方式」へ
・外生的な費用や効率化が困難な費用については、「制御不能費用」として実績を反映
・小売電気事業者にとって料金の見直し等の機動的な対応が必要に

背景

託送料金制度については、これまで総括原価方式を基本としてきましたが、現行制度の

下においては、一般送配電事業者のコスト効率化のインセンティブが低いことや、災害復旧費用等、料金認可時には総額を予見することが難しい費用が機動的に回収できていないなど、改善すべき点があるといった課題が指摘されてきました。

概要

こうした課題解決の一環として、一般送配電事業者において計画的に事業を行っていくことと同時に、事業者自らが不断の効率化を行うインセンティブ設計とその効率化分を適切に消費者へ還元し、国民負担を抑制する仕組みの両立を図る制度として、一般送配電事業者に事業計画を提出させ、事業計画に基づく総収入に上限を設けることでコスト削減を促す「レベニューキャップ方式」を導入することがエネルギー供給強靭化法に盛り込まれました（**図4―9**参照）。また、レベニューキャップ方式においては、電力需要の見通しが不透明となる中、コスト効率化とレジリエンス強化等を両立させる課題への対応策として、災害復旧費用等の外生的な変動要因や効率化が困難な費用については、「制御不能費用」として実績を収入上限（レベニューキャップ）に反映させることが認められています。

図4－9　総括原価方式からレベニューキャップ方式へ

現　状

総括原価方式（値上げ時。値下げ時は届け出制で柔軟に対応）
電気の安定供給に必要な費用(設備修繕費、減価償却費、人件費、税など）に適切な利潤を加えた額と、託送料金の収入が同じになるように設定
●値上げの場合は国が厳しく審査（認可申請）
●利潤が大きいと料金変更（値下げ）命令も

2023年4月～

レベニューキャップ方式
国が一定期間ごとに収入上限（レベニューキャップ）を承認
●効率化した費用の一部を事業者が活用できる
●効率化への動機になると同時に、消費者にも料金低減のメリットが

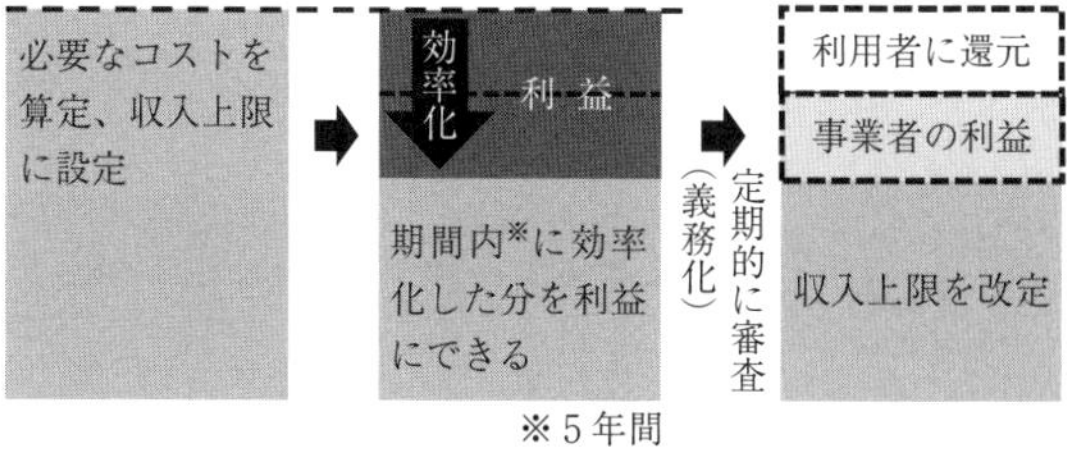

出所：各種資料より作成

（1）インセンティブ規制…レベニューキャップ

　従来の総括原価方式は、電気の安定供給に必要な費用、例えば修繕費、減価償却費、人件費などの費用に適切な利潤を加えた総額が、託送料金の全収入と同額になるよう設定されます。地域独占の下で、電力安定供給と信頼度維持のための投資に支障をきたさないようにするためですが、同時に、費用が適正かに

ついては監視等委員会が審査し、値上げ時には申請・審査・認可の手順を踏むこととなります。毎年の利潤も監視され、過大な利潤が発生している場合には変更（値下げ）命令も行われます。

これに対し、レベニューキャップ方式は、事業者が一定期間ごとに必要なコストを算定して収入上限を設定し、期間内に効率化努力を行ったことによる利益は事業者の利益にすることができる仕組みです。また、効率化した成果は、翌期の収入上限に反映することで系統利用者にも還元されることになります。一般送配電事業者は国の指針に沿って、5年間で達成する目標と設備増強計画や設備更新計画等の事業計画を策定し、必要な費用から収入上限を算定して、国の承認を受ける流れとなります。

既にこの方式を導入している英国やドイツでも議論になりましたが、事業目標をどのように設定するかがカギとなります。日本においては、再エネ主力電源化やレジリエンス強化等に対応する観点および社会的便益の最大化という観点から、一般送配電事業者の業務におけるサービスレベルの向上および効率化、イノベーション推進、安全性や環境性への配慮、といった方向性を目指すこととされました。具体的には、「安定供給」、「再エネ導入拡大」、「サービスレベルの向上」、「広域化」、「デジタル化」、「安全性・環境性への配慮」、「次世代化への対応」といった7つの目標分野を設け、各分野において具体的な目標項目が示されています。一例を挙げると、「安定供給」の目標分野においては、「設備拡充」や「設備保全」等の目標項目が示されています。前者については、「マスタープラン（本章1参照）に基づく広域系統整備計画について、規制期間における工事すべてを実施すること」が、後者については、「高経年化設備更新ガイドラインで標準化された手法で評価したリスク量（故障確率×影響度）を現状の水準以下に維持することを前提に、中長期の更新投資計画を策定し、規制期間における設備保全計画を達成すること」が目標として定められています。

日本の電力系統は高度経済成長期に建設された設備が主であり、高経年化対策や設備更新のタイミングも迫っているところです。そのような中で国民負担を抑制しながらレジリエンスを確保する観点から、既設の送配電網の強靭化やスマート化などに資する設備更新は、コストを効率化しつつ計画的に進めていくことが重要といえます。その観点から、エネルギー供給強靭化法において送配電変電設備の計画的な更新の義務が課されるとともに（電気事業法第26条の3第2項）、広域機関により、統一的な送配電変電設備の更新に関するガイドラインとして「高経年化設備更新ガイドライン」が２０２１年12月に定められています。各一般送配電事業者においては、同ガイドラインを踏まえて第1規制期間における事業計画が策定されています。

また、目標の達成を促すためには、定量的または定性的な目標の達成状況に応じたインセンティブを設定することが重要となります。このインセンティブの設定は、大きく分けて定量的に評価が可能か否かに応じて、次のように整理されています。前記の各分野の目標項目ごとにこの分類に応じたインセンティブが設定されています。

①規制期間中における社会的便益を見込んでおり、定量的に評価が可能な目標は、社会的便益（または損失）に応じて、翌規制期間の収入上限の引き上げ（または引き下げ）

②中長期的な社会的便益を見込んだ投資の達成を評価する目標や定性的な評価を行う目標は、達成状況を公表（レピュテーショナルインセンティブの付与）

(2) 制御不能費用

一般送配電事業者の裁量によらない外生的な費用や、効率化が困難な費用については、定量的な目標を定めることは困難であることから、あらかじめ制御不能費用として、実績費用を収入上限に反映し回収することが認められています。

制御不能費用該当性は、費用算定が可能な費目であることを前提として、①費用変動が外生的に発生する費目（量・単価の両方が外生的な要因によって変動するもの）、または②合理的な代替手段がなく、一般送配電事業者の努力による効率化の取り組みが困難と判断した費目に係る費用に該当するか否かにより判断されます。具体的には、**表4—1**のとおりですが、容量市場拠出金、ブラックスタート電源確保費用、最終保障供給対応費用等の「調整力費用」および再給電方式の導入による混雑処理の実施によって一般送配電事業者に発生する費用等の「政策対応費用」等が制御不能費用として挙げられています。

制御不能費用の具体的な反映方法としては、原則として翌期の収入上限に反映し回収を認めることとされており、規制期間中の累積変動額が収入上限の5％に達した場合には、累積変動額を全額調整することとされています。加えて、公租公課における税率変更や、省令等に基づき国が金額を通知する賠償負担金相当金、廃炉円滑化負担金相当金などの変動については、特に外生性が強く、その変動分を期中に調整することとされています。

なお、レベニューキャップ方式の詳細については、監視等委員会が取りまとめた「料金制度専門会合中間とりまとめ」（経済産業省　監視等委員会、2021年11月）および

表４－１　制御不能費用の対象費用一覧

対象費用	備考
退職給与金	✓ 数理計算上の差異償却（既存分）
PCB 処理費用	
賃借料	✓ 賃借料のうち、法令や国のガイドラインに準じて、単価が設定される費目（占用関係借地料等）
諸費	✓ 受益者負担金 ✓ 広域機関会費 ✓ 災害復旧拠出金
貸倒損	※ただし、託送供給開始時に保証金を求める等、事業者で何らかの取り組みが可能になった場合は、分類の変更があり得る
減価償却費	✓ 既存減価償却費
調整力費用	✓ 容量市場拠出金 ✓ ブラックスタート電源確保費用 ✓ 調相運転用の電源確保費用 ✓ 最終保障供給対応費用
振替損失調整額	
賠償負担金相当金	
廃炉円滑化負担金相当金	
固定資産税	✓ 既存投資分
雑税	
電源開発促進税	
事業税	
法人税等	
インバランス収支過不足	
政策対応費用	✓ 再給電による混雑処理を実施することによって、一般送配電事業者に発生する費用など ※上記以外に、政策に深く関わる費用で一般送配電事業者による効率化の取り組みが困難と考えられる費用については、国の審議会における議論を経た上で、制御不能費用の対象に加えることがあり得る。

出所：料金制度専門会合中間とりまとめ

「一般送配電事業者による託送供給等に係る収入の見通しの適確な算定等に関する指針」（経済産業省告示第151号）をご参照ください。

今後

レベニューキャップ方式は2023年度から導入されました。また、2024年度から発電側課金（本章5参照）が導入されることにより、小売り側の託送料金単価の水準も見直しがされ、2024年度から新たな託送料金制度に全面的に移行することになります。

　なお、旧一般電気事業者による自由料金を選択しない需要家に対する小売供給の料金である経過措置料金においては、託送料金の変動が外生的な要因であることを踏まえ、託送料金の変動に合わせて、小売経過措置料金に機動的に反映する仕組みが設けられています。すなわち、電気事業法の改正により、託送料金の変動に対応する場合における、小売経過措置料金の変更届け出の規定が盛り込まれており、この届け出にあたっては、変動した託送料金を機械的に小売経過措置料金に当てはめることが基本とされています。自由料金においても、これらの取り扱いを参考にしつつ、託送料金の変更に合わせて需要家への小売料金も機動的に変更するといった対応が必要となります。

5　発電側課金制度

ポイント

・小売電気事業者が全額負担していた託送料金の一部を「発電事業者」も負担
・基幹系統利用ルールの見直しも踏まえ、ｋＷ課金からｋＷ課金＋ｋＷｈ課金方式に
・２０２４年度から制度開始

背景

託送料金はこれまで小売電気事業者が全額を負担していました。しかし、今後再エネの系統連系ニーズの増加等により、電源起因による送配電関連費用の増大が想定されます。送配電設備の高経年化対策による送配電関連費用の増大も見込まれる中、将来にわたって託送料金を最大限抑制しつつ、質の高い電力供給を維持していくことが求められるところです。これらの課題に対応するには、系統利用者である発電側にも一部の負担を求める仕組みを通じて送配電網のより効率的な利用を促すことが必要とされました。

また、風力発電など再エネ立地の好適地は一部の地域に集中している一方で、発電された電気は東京などの大需要地で消費されていくものも含まれることになります。これまで送配電網の増強コストは、託送料金という形で立地地域の小売電気事業者を通じて、立地地域の需要家が負担することが基本でした。発電側課金を導入することにより、発電をして小売電気事業者等へ売電する者（以下「発電者」）が他地域の小売電気事業者に電気を卸売りした場合は、それが卸取引の料金として当該小売電気事業者に転嫁されることで、他の地域で発電された電気を使用する需要家に発電所立地地域の送配電網増強コストの負担を求めることが可能となります。そのため、発電側課金は、受益と負担の公平性の観点からも導入の意義があるとされています。

概要

前記の背景を受けて、監視等委員会から「発電側基本料金」を導入する方針が最初に示されたのが、２０１８年6月になります（送配電網の維持・運用費用の負担の在り方検討ワーキンググループ中間とりまとめ）。

〈発電側基本料金から発電側課金に〉

制度検討の当初は、送配電設備が「各発電所の契約ｋＷが必ず流せるように」との考え方に基づいて整備されていることを踏まえ、発電事業者側が「託送料金の10％程度」を発電量に関わらず、契約ｋＷに応じて負担する案が示されていました。もっとも、２０２０年7月上旬に当時の梶山経済産業大臣により、非効率な石炭火力の早期削減と併せて、発電側への課金制度についても見直しの指示があり、基幹送電線の利用ルールが抜本的に見直された状況を踏まえると、今後、基幹系統の設備形成が契約ｋＷに加えて、設備の利用状況（ｋＷｈ）も考慮した費用対便益評価に基づいて行われることを踏まえ、新たにｋＷｈ課金も導入することとされました。その負担の割合は、1対1とされています。これらの議論に伴い、発電側基本料金から「発電側課金」に制度の名称が変更されています。発電側課金の単価は、需要側の託送料金と同様に、5年ごとに見直すことが予定されています。

〈対象電源〉

発電側課金については、系統に接続し、かつ系統側に逆潮させている電源すべてを課金対象とすることが基本とされています。ただし、系統側への逆潮が10ｋＷ未満の場合は、当面課金の対象外とされています。また、従来は課金の対象と想定されていた既認定のＦＩＴ／ＦＩＰ電源についても、発電側課金の導入が再エネの最大限の導入を妨げないよう、調達期間等内は課金の対象外と整理されています。加えて、揚水発電・蓄電池を経由して電力を需要家に届ける際に、①別の電源での発電と②揚水発電・蓄電池による発電／放電に対して発電側課金を課すこととなった場合、別の電源と揚水発電・蓄電池の合計での発電側課金による費用負担が他の電源と比べて大きくなることを踏まえ、ｋＷ課金については系統利用者として課金しつつ、ｋＷｈ課金については他の電源との公平性の観点から免除することと整理されています。

〈対象費用〉

発電側課金により回収する対象となる費用としては、発電側・需要側の双方で等しく受益していると考えられる上位系統（基幹系統および特別高圧系統）に係る固定費を発電側と需要側の課金対象ｋＷで案分したものとされています。

〈割引制度〉

割引制度は、電源の立地地点に応じて、電源が送配電設備の整備費用に与える影響額を課金額に反映させることで、効率的に設備を利用できるような場所に電源を誘導することを目的として設けられるものです。電源の脱炭素化を効率的に進めていくにあたっても、送配電網の増強コストが小さい地点に発電所立地を誘導していくことは重要となります。

具体的には、基幹系統の将来的な投資を効率化し、送電ロスを削減する効果のある電源に対する割引（割引A）と配電系統に接続する電源を対象として特別高圧系統の将来的な投資を効率化する効果のある電源に対する割引（割引B）が設定されることとなっています。割引対象地域は、一般送配電事業者各社のHPで既に公表をされていますが、発電側課金単価と同様に5年ごとに見直すことが予定されています。

〈支払い義務／課金・回収方法〉

発電側課金は、系統利用者である発電者個々に送配電関連費用に与える影響に応じた費用負担を求めるものであることから、その支払い義務は発電者が負うこととされています。

もっとも、発電者すべてが一般送配電事業者と直接契約関係にあるわけではありません。需要側と同様に発電側も発電バランシンググループ（以下「発電BG」）を組成することが認められているところ（詳細は、本章7概要（4）参照）、発電側については、一般送配電事業者と直接契約関係にあるのは発電量調整供給契約の代表者である発電契約者のみとなります。そのような中で、一般送配電事業者とすべての発電者が改めて発電側課金の支払いに関する合意をすることは現実的ではありません。そのため、一般送配電事業者から発電契約者に対して、次の発電側課金の支払いに関する合意を発電者との間で行う代理権を付与する旨を託送供給等約款に規定することとし、発電契約者が一般送配電事業者の代理人として発電者と当該合意を行うことにより、発電者の一般送配電事業者に対する支払い義務を発生させることとされています。

①発電側課金を支払うこと

②当該支払いがない場合は、系統への逆潮流を停止することおよび発電ＢＧから退出することに同意すること

また、一般送配電事業者に対する発電側課金の支払いについては、前記の実務的な観点等を踏まえて、発電量調整供給契約に基づき、発電ＢＧの代表者を通じて行われることとされています。

〈発電側課金の円滑な転嫁〉

発電側課金については、発電者としては新たな負担になるところ、それを小売電気事業者等に対する卸供給料金で回収することが必要となります。既存の相対卸契約において

は、その見直しが必要となることから、発電と小売りの協議が適切に行われるよう、適取GLにおいて発電側課金の小売り側への円滑な転嫁が望ましい旨が規定されるとともに、「相対契約における発電側課金の転嫁に関する指針」（以下「転嫁ガイドライン」）が策定されています。

併せて、監視等委員会として、転嫁ガイドラインの趣旨に沿った運用がされているかを把握する観点から、当面の間、年1回アンケート・ヒアリングを実施することが予定されています。

なお、経過措置料金においては、発電側課金相当分が小売電気事業者にとって外生的に発生する費用であることも勘案し、小売電気事業者間の公平な競争環境を確保する観点から、託送料金の改定時と同様に、機動的に反映できる仕組みが導入されています。

今後

発電側課金の導入については、特にFIT電源を対象に含めるか否かを中心に紆余曲折ありました。当初は2023年度の制度開始を目指していましたが、2024年度から開始されることが決定しており、現在、託送供給等約款の改定など発電側課金の導入に向けた準備が着実に進められています。今後は運用フェーズになりますが、制度趣旨を踏まえた着実な運用が行われることが期待されます。

6　インバランス料金制度の見直し

ポイント
・計画値同時同量が前提
・できるだけ実需給の電気の価値を反映させることを基本としつつ、需給逼迫時にはインバランス料金が上昇する仕組みを導入
・２０２０年度冬の需給逼迫と価格高騰を踏まえた見直しも

背景

電気は、その特性として、容易に貯蔵できないという点があります。電力の瞬時瞬時の需給バランスを確保するための仕組みがインバランス制度となります。

このインバランス制度については、小売全面自由化以前は、実際の需要量と実際の供給

量を30分単位で一致させる「実同時同量制度」が採用され、その不一致（以下「実インバランス」）の量が3％を超えると、超えた分についてペナルティが科されていました。これが小売全面自由化後、「計画値同時同量制度」に変更されました。計画値同時同量制度とは、発電側において発電計画と発電実績を一致させ、小売側において需要計画と需要実績を一致させる制度をいいます。発電側は発電計画と一致した販売計画を、小売側は需要計画と一致した調達計画をそれぞれ提出し、その一致を確認することによって発電側と需要側の計画値を一致させています。

計画値同時同量制度の下では、発電計画と発電実績の不一致、需要計画と需要実績の不一致を「インバランス」といいますが、実同時同量制度における実インバランスとは異なり、ペナルティ性を持たせた設計ではなく、自由化後は市場（スポット市場等）価格連動をベースとした設計となっていました。ただし、全面自由化の当初はインバランス料金単価が予測しやすかったため、インバランス料金単価が調達する電力の単価より安いことが見込まれる場合は意図的に不足のインバランスを出すといった事業者が出現し、実際に広域機関から指導を受けた事業者もいました。現在は数次の変更を経て、インバランス料金単価を予測しにくい設計がされています。

インバランス料金は、実需給における過不足を精算するものであり、価格シグナルのベースとなるものであることから、本来は、実需給段階の需給の状況を踏まえた、その時点における電気の価値で精算されることを基本にすべきといえます。もっとも、従来は、実需給における過不足は基本的にはエリアごとに調整力公募により調達・運用していたこともあり、需給状況に応じて変動する一定の仕組みとして、市場（スポット市場等）価格連動をベースとしたインバランス料金設計がなされていましたが、必ずしも実需給段階における電気の価値を反映したものとはいえませんでした。

概要

こうした中で、一般送配電事業者の需給調整に必要な調整力を市場で調達する需給調整市場が２０２１年4月から開設されることとなりました（第2章5参照）。これにより、実需給の過不足の調整は需給調整市場に段階的に移行することになり、実需給段階における電気の価値を反映する仕組みとして、需給調整市場において取引されるｋＷｈ価格をベースとすることになっています。

当初は需給調整市場の導入の開始に合わせて２０２１年度からの適用について検討が進

められてきましたが、システム開発が間に合わないとして、2022年4月からの新制度適用となりました。
詳細は、「2022年度以降のインバランス料金制度について（中間とりまとめ）」（令和3年12月21日改定、監視等委員会事務局）をご確認ください。

(1) 新たなインバランス料金の基本的考え方

前記のとおり、インバランス料金は、実需給における過不足を精算するものであり、価格シグナルのベースとなるものとの考え方から、インバランス料金が実需給の電気の価値を反映するようにすること、および関連情報をタイムリーに公表することを基本としています。

こうした考え方に基づき、インバランス料金は、その時間における電気の価値を反映するよう、次のような算定方法とされています。

①インバランス料金はエリアごとに算定する（ただし、②のとおり、調整力の広域運用は考慮）

②コマごとに、インバランス対応のために用いられた広域運用された調整力（市場分断

が発生した場合は、分断されたエリアごと）の限界的なｋＷｈ価格を引用する（※）
なお、②の「調整力の限界的なｋＷｈ価格」とは、上げ調整（系統全体で不足しているとき）は調整力の最も高いｋＷｈ価格であり、下げ調整（系統全体で余剰が生じているとき）は調整力の最も低いｋＷｈ価格をいいますが、太陽光・風力の出力抑制が行われているコマにおいて発生する下げ調整の場面は、実質的に限界費用０円／ｋＷｈの太陽光等を下げているとみなすことが適当であるとして、０円／ｋＷｈとされています。

（※）当初は、登録された調整力ｋＷｈ価格が必ずしもその時点の需給状況を反映したものとなっていない場合があり、稼働した調整力の限界的なｋＷｈ価格が電気の価値を適切に反映しない場合があり得るとして、卸市場価格との関係が逆転する場合においては卸市場価格による補正が行われることとされていました。しかし、２０２０年度冬季の需給逼迫において、卸市場価格が需給の状況等とは乖離して高騰したことを受け、卸市場価格による補正をすることがかえって実需給における電気の価値を適切に反映したものとならなくなることから、卸市場価格による補正は行われないこととなりました。

また、前記の考え方をベースとしつつ、需給逼迫時における不足インバランスは、系統全体のリスクを増大させ、緊急的な供給力の追加確保といったコスト増をもたらす要因で

図4―10　新たなインバランス料金算定の全体像

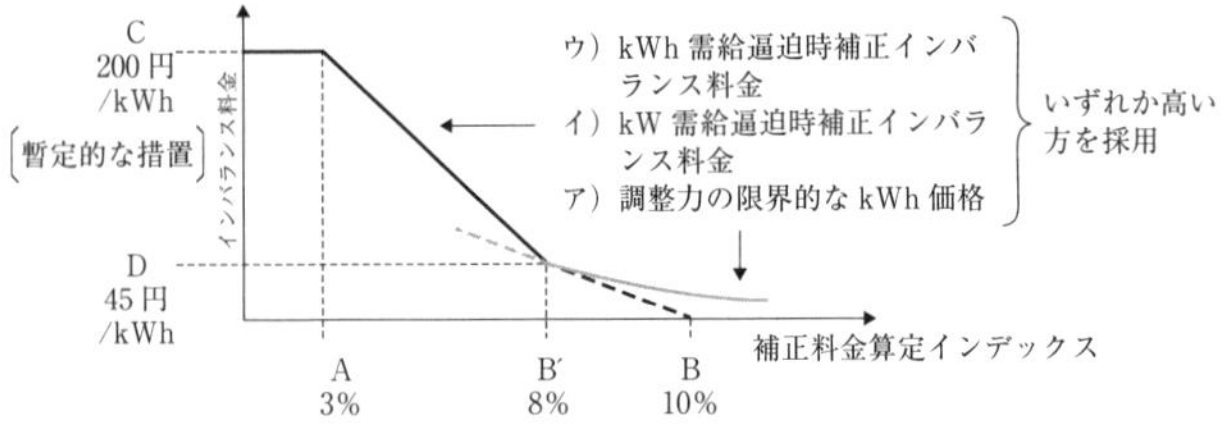

出所：監視等委員会資料

あることから、そうした影響がインバランス料金に反映されるよう、需給逼迫時にはインバランス料金が上昇する仕組みを導入することとされています。

具体的には、ｋＷ需給逼迫時補正インバランス料金については、次の考え方で整理されています。次の考え方を基にまとめられた新たなインバランス料金については、**図4―10**のとおりです（ただし、沖縄電力エリアを除く）。

①調整力の広域運用が行われるエリアごとに予備率3％となった場合（**図4―10**のA）は、これ以上供給余力を低下させてはならない水準であるとして、600円／ｋＷｈ（**図4―10**のC円／ｋＷｈ）。ただし、従来は、2022年度および2023年度に限って、暫定的に200円／ｋＷｈとする方向性が示されていましたが、将来に向けて価格を引き上げていくという方向性は維持しつつも、容量市場等の導入による容量拠出金の負担等により小売電気事業

者の事業環境の大きな変化が予想される２０２４年度においても、引き続き２００円／ｋＷｈとすることとされています。

②補正料金を開始する水準は、これまで電源Ⅰ´が発動されたケースにおける広域エリアでの概ねの予備率を参考にして、供給余力が低下するリスクに備えて対策を講じはじめるタイミングである10％（図４―10のＢ）

③確保済みの電源Ⅰ´では対応できない水準として、広域機関による需給逼迫警報の基準を参考にして、８％（図４―10のＢ´）とし、確保済みの電源Ⅰ´のコストとして、電源Ⅰ´応札時に応札者が設定する各エリアのｋＷｈの上限金額の最高価格の全国平均を参考に、45円／ｋＷｈ（図４―10のＤ）

また、２０２０年度冬季の需給逼迫において、インバランス料金がｋＷｈ不足の状況を十分に反映する仕組みになっていないといった点が課題として示され、ｋＷｈ需給逼迫時補正インバランス料金として、ｋＷｈの余力率が３％未満の期間においては暫定的に80円／ｋＷｈとすることとされています。ただし、システム改修が必要となることから、その導入時期についてはシステム改修の完了次第とされています。

以上の他、電気の価値を適切にインバランス料金に反映させる観点から、需給逼迫時に講じられる対策に応じて、一定の考え方の下でインバランス料金に反映することとされています。例えば、電力使用制限および計画停電が実施されている場合のインバランス料金については、定数により補正することとされており、電力使用制限の際のインバランス料金単価は100円／kWh、計画停電の際のインバランス料金単価は600円／kWh（上記の①のとおり、2024年度も暫定的に200円／kWh）となります。

2020年度冬の市場価格高騰に伴うインバランス料金負担の問題で顕在化しましたが、小売電気事業者（特に電源保有割合が少ない新電力）としては、このようなインバランスリスクをヘッジする方策（保険や先物取引等）を検討することが事業運営上極めて重要となっています。

今後

「背景」で説明したとおり、インバランス制度については、電力自由化や需給調整市場などの市場環境の変化を踏まえた見直しがされています。

このような中、インバランス料金単価の誤算定が2022年4月から2023年11月14日までの間で計53件、再精算を要する件数として9件公表されています。インバランス料金の考え方が随時見直されていく中では、やむを得ない面もありますが、卸電力市場の取引にも大きな影響を与えるものであり、一般送配電事業者各社においては可能な限りシステム化すること等を通じて、誤算定が発生しないような取り組みが求められます。

また、２０２４年度からは調整力公募が廃止され、調整力はすべて需給調整市場で取引されることになります。このような中でインバランス料金の考え方についても、実態を踏まえ、さらに見直しが必要な場合が出てくるかもしれません。

7　バランシンググループ制度

ポイント
・インバランス負担を軽減する仕組み
・インバランス料金は連帯債務であり、他の小売電気事業者の信用リスクを負担（メリットばかりではない）
・ＦＩＰ制度の導入により、発電側のバランシンググループも重要に

背景

発電側において発電計画と発電実績を、小売り側において需要計画と需要実績をそれぞれ一致させることが求められる計画値同時同量の下においては、発電者や小売電気事業者は原則として、事業者単位で前記の一致ができないことにより発生したインバランス料金の精算を実施することとなります。

もっとも、自然変動電源（太陽光・風力）の発電量や需要量の予測については、一般に規模の経済が働き、発電場所の数や需要規模が増加すると予測精度が高まり、発生するインバランスの割合も小さくなるとされています。そのため現在、発電側、小売り側双方において、複数の事業者をまとめてインバランス料金精算の単位とすることが認められており、これを「バランシンググループ」といいます。これは、自然変動電源の発電量の予測能力や需要の予測能力および電源の調達能力のない事業者にとってメリットのある制度となっており、これにより新規参入の障壁が低くなっているという側面もあります。

ここでは、託送供給等約款で位置づけられている需要バランシンググループ（以下「需要ＢＧ」）を中心に解説します。

概要

(1) 需要BGおよびその契約関係

託送制度においては、代表契約者という制度があります。これは、託送供給等約款に関して一般送配電事業者と行う協議や接続供給契約の実施に関する権限を1の小売電気事業者に委託することを認める制度であり、この委託を受けた小売電気事業者を代表契約者といいます。そして、この代表契約者は委託された権限に基づいて、「需要計画等の計画提出や一般送配電事業者との協議」、「託送料金、インバランス料金その他の託送供給等約款に基づく金銭債務の支払い」を代表して行うことになります。

そして、この代表契約者と代表契約者に前記権限を委任した小売電気事業者のグループを需要BGと一般に呼んでおり、託送供給等約款においては、この需要BGがインバランス料金精算の単位として位置づけられています。

需要BGにおける主な契約関係は、**図4―11**のとおりです。

なお、代表契約者は、前記の代表して行う各業務のほか、通常はJEPXのスポット市場等を通じて、または発電事業者等から電力を調達する業務を含めて受託する場合が多く、その場合、当該業務委託に基づき調達をした電力を代表契約者Aが小売電気事業者B

図4―11　需要バランシンググループにおける主な契約関係

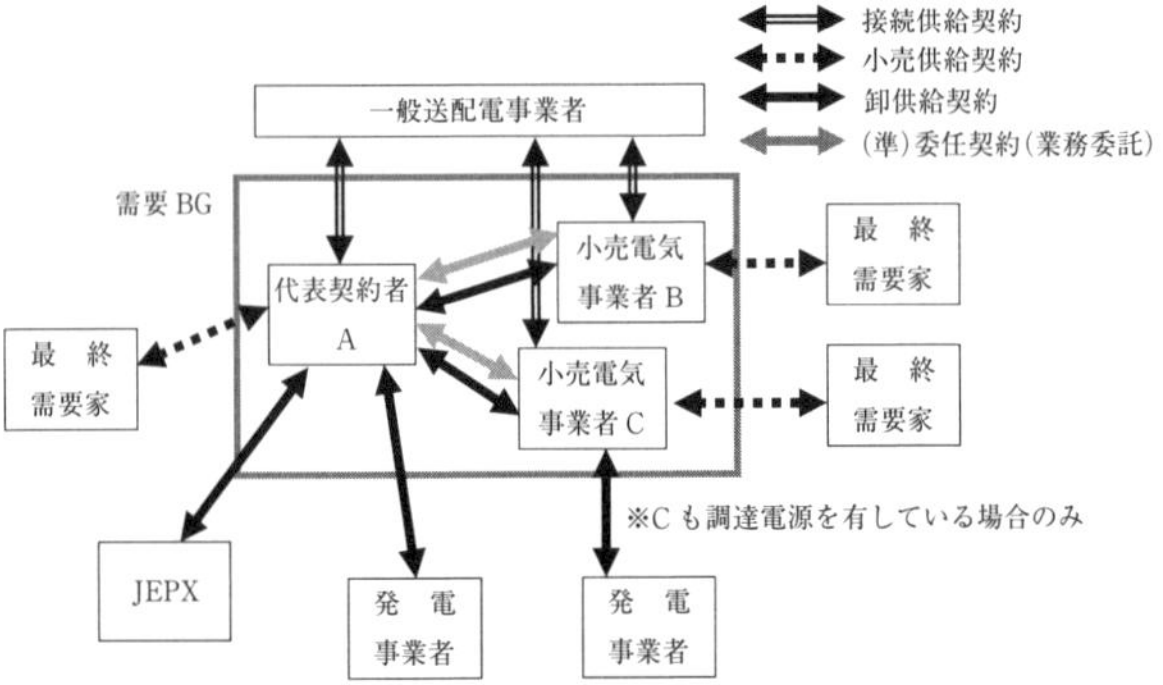

（注）　JEPXはスポット市場等の取引プラットフォームの提供者で卸供給契約の主体ではないものの、スポット市場等を通じた調達を表現するため、便宜上、卸供給契約の主体として記載

またはCへ卸供給を実施することになります。

前記のとおり、代表契約者がスポット市場等を通じて、または発電事業者等から電力を調達する業務を含めて受託する場合を例にとると、需要BGを組成するにあたり、代表契約者と小売電気事業者との間で締結すべき契約は、業務委託契約と卸供給契約となります。そのうち、代表契約者が業務委託契約に基づき受託する業務については、概ね次の業務となります（※）。

①需要予測業務

②需要計画に応じた電力の調達・発電の調整等業務

③需要計画等作成、提出業務

④一般送配電事業者からインバランス補給を受け、一般送配電事業者へ余剰インバラン

ス供給をする業務
⑤託送供給等約款における託送料金支払い等託送手続き代行業務
（※）その他、供給計画の作成業務等も考えられます。

なお、需要ＢＧを組成する場合、小売電気事業者が一般送配電事業者との間で締結することが必要となる電力の託送に関する接続供給基本契約は、代表契約者と需要ＢＧ内の小売電気事業者全員の連名により締結する実務運用が確立しています。そして、同契約上、代表契約者と需要ＢＧ内の小売電気事業者の間の業務委託契約が終了したとしても、離脱した需要ＢＧ内の小売電気事業者と一般送配電事業者との間の接続供給基本契約は終了させず、終了させるためには当該小売電気事業者の同意が必要とされています。

こうしたことから、代表契約者としては、小売電気事業者の債務不履行によって解除した場合等、業務委託契約終了時に同意を得られないといった事態を回避するため、需要ＢＧ加入時に当該業務委託契約が終了した場合は連名で締結している接続供給基本契約からも脱退する旨の同意を小売電気事業者から取得しておいた方がよいと思われます。このような手当てをしても実際に争われた場合は接続供給基本契約の解除が認められない可能性はありますが、次善の策としては、このような対応が考えられるところです。

(2) 一般送配電事業者に対して支払う債務

小売全面自由化前までは、需要BGを組成する場合、一般送配電事業者に対して支払う債務は、すべて代表契約者と小売電気事業者の連帯債務となっていました。しかしながら、需要BGを組成する主たる目的がインバランス精算のための単位とする点にあることからすれば、託送料金等、インバランスに関する費用以外の、本来的には小売電気事業者個別に帰属する金銭債務については、各小売電気事業者がそれぞれ債務を負うとするのが自然と考えられます。従って、このような金銭債務については、需要BGを組成したことだけをもって、連帯してBG内の小売電気事業者が債務を負う合理性はないといえます。

他方、インバランス料金は、需要BG全体で精算をすることから、個別債務とすることは難しいところです。

そのため、インバランス料金等(※)については、連帯債務とし、インバランス料金等を除く、託送料金(送電サービス料金)、工事費負担金、契約超過金、違約金等に係る金銭債務は個別債務とされています。

(※) 接続対象計画差対応補給電力料金および給電指令時補給電力料金に係る債務(遅延損害金含む)ならびに保証金に係る債務をいいます。

(3) 需要ＢＧのメリット・デメリット

(a) 需要ＢＧのメリット

需要ＢＧのメリットは、大きく分けて次の2点と考えられます。

①発生するインバランスの割合を抑えることができる
②電源の調達、需給管理業務、一般送配電事業者とのやり取り等を代表契約者に委託でき、自らに電気事業に関する専門的なノウハウがなくとも小売電気事業を実施できる

メリット①について補足すると、同じ予測精度の場合、一般的には需要が多いほど生じるインバランスの割合が小さくなるといわれています。そのため、小売電気事業者が単独で需要計画を提出する場合よりも需要ＢＧを組成してその代表契約者がまとめて需要計画を提出する方が、発生するインバランスの割合を抑えることができるというメリットがあるのです。ただし、需要ＢＧに加入する各小売電気事業者にとってみれば、自らに生じるインバランス料金の負担を抑えることができるかどうかは、代表契約者とその需要ＢＧの各小売電気事業者との間で合意をするインバランス精算のあり方による点には留意が必要です。

（b）需要ＢＧのデメリット

需要ＢＧのデメリットは、大きく分けて次の2点が考えられます。

①代表契約者のノウハウ等に依存

②需要ＢＧ内の小売電気事業者の未払いリスクを負担する可能性

デメリット①は、メリット②と裏腹の関係にあるといえますが、どのような代表契約者の需要ＢＧに加入するかが重要となります。

需要ＢＧ選択の際のチェックポイントとしては、「代表契約者の資力、信用力および実績」、「需要ＢＧの電源ポートフォリオ」、「需要ＢＧにおいて過去発生したインバランスの実績」、「需要ＢＧを構成する小売電気事業者の顔ぶれ、数および需要規模」、「ＢＧ内の小売電気事業者による未払いが生じた場合の求償関係」、「インバランス料金等の精算に関する考え方が明確か否か」、「新規加入者の手続き（新規加入に需要ＢＧ内の他の小売電気事業者の同意が必要か等）」等が挙げられます。

デメリット②については、代表契約者と需要ＢＧに加入する小売電気事業者いずれの立場からもいえることです。すなわち、まず代表契約者にとっては、前記のとおり電力の調達代行業務を実施する場合が多いことから、需要ＢＧに加入する小売電気事業者の支払い能力が重要となります。また、需要ＢＧにどのような事業者が加入しているのかについては、需要ＢＧに加入する際の一つのチェックポイントになるため、この点からも需要ＢＧにどのような小売電気事業者を加入させるのかといった点は重要となります。

一方、一般送配電事業者に対して代表契約者が支払うインバランス料金等は需要ＢＧに加入する小売電気事業者の連帯債務とされています。このため、需要ＢＧ内の小売電気事業者が必要な支払いができないことなどにより代表契約者がインバランス料金等を一般送配電事業者に支払わなかった場合、各小売電気事業者が一般送配電事業者に対して全額インバランス料金の支払い義務を負うことになります。また、代表契約者が一般送配電事業者に対する各種支払いを怠った場合、その需要ＢＧに加入する小売電気事業者の債務不履行となり、新規のスイッチングが停止される、または接続供給契約が解除される可能性が出てくることになります。このように、代表契約者は需要ＢＧに加入する小売電気事業者の支払い能力を、需要ＢＧに加入する小売電気事業者は需要ＢＧに加入し、またはしようとしている小売電気事業者や代表契約者の支払い能力を慎重に見極めることが極めて重要となります。

(4) 発電BGについて

託送供給等約款では明確な位置づけはないものの、発電側のインバランス精算の単位として、発電バランシンググループ(以下「発電BG」)を組成することも認められています。ただし、発電BGの場合、託送供給等約款上、代表契約者制度はなく、発電BGを組成する主体(需要BGでは代表契約者の位置づけ)が発電契約者となり一般送配電事業者と発電量調整供給契約を締結することになります。そのため、インバランス料金(※)も発電契約者のみが債務者となり、発電BGに属する他の発電者との間で連帯債務となることはありません。

(※)発電量調整供給受電計画差対応補給電力料金に係る債務をいいます。

ただし、発電側課金については、各発電者に課金がされることが想定されていますので、各発電者の個別債務となります。詳細は、本章5をご参照ください。

FIT制度の下においては、2017年3月までは小売電気事業者等が買い取り義務を負っていましたが、再エネ事業者が実質的にインバランス負担をしないためにFITインバランス特例①が設けられていました。もっとも、FIP制度の下においては、FIP事業者がインバランスを負担することとなりますので、今後は発電BGの組成についても、より一層重要性が増すことになります。

第5章　カーボンニュートラルに向けて

政府は2023年2月、GX基本方針を閣議決定しました。これを受けて、成長志向型カーボンプライシングの導入などを規定した「GX推進法」が2023年通常国会で成立しました。新たに導入されるカーボンプライシングは「炭素に対する賦課金」と「排出量取引」ですが、炭素排出へのディスインセンティブ、排出削減への対価である「非化石価値」を巡っては、すでに取引する制度が存在しています。カーボンニュートラルに向けて大量導入が見込まれる再エネの動向と併せ、詳しく見ていきましょう。

1　非化石価値取引のあり方

ポイント
・需要家も直接取引可能な再エネ価値取引市場とエネルギー供給構造高度化法の目標達成を後押しする高度化法義務達成市場が存在
・非化石価値の取引はすべて非化石証書によることが必要
・トラッキングは、全量トラッキングの方向へ。一部FIT電源を調達している事業

者等への優先割り当ては廃止の方向

背景

エネルギー供給構造高度化法により、すべての小売電気事業者は２０３０年に自ら調達する電気の非化石電源比率を44％以上とすることが求められています（※１）。

もっとも、スポット市場等においては非化石電源（原子力・再エネ）と化石電源の区別がなく取引が行われています。また、ＦＩＴ電気の持つ環境価値は賦課金の負担に応じて全需要家に均等に帰属するとされており、従来はそれ自体を取引することは認められていませんでした。

そこで、非化石価値を顕在化し、取引を可能とすることで、小売電気事業者によるエネルギー供給構造高度化法上の非化石電源調達目標の達成を後押しするとともに、需要家にとっての選択肢を拡大しつつ、ＦＩＴ制度による国民負担の軽減に資することを目的として（※２）、非化石価値取引市場が創設されることとなりました。

（※１）エネルギー供給構造高度化法の目標達成の実効性を担保するため、中間目標が設定されることとなっています。具体的には、３つのフェーズで中間目標を設定することとされており、第1フェーズは2020～2022年度、中間目標達成状況については、3年度の平均で計算することとされました。第1フェーズでは全体の約58％の事業者が中間目標を達成した一方で、約41％が未達となっています。なお、需給バランスが著しく悪化したためやむを得ず未達になった事業者は約25％おり、その事業者は指導・助言の対象外とされています。第2フェーズは2030年、さらに2050年のカーボンニュートラル社会の実現に向けた移行期と位置づけ、一定の配慮措置は講じつつも、段階的に目標水準を高めながら非化石電源側への維持・拡大を着実に促進していくことが基本とされました。第2フェーズは2023～2025年度として、単年度で評価することとされています。なお、各フェーズにおいては、各小売電気事業者の足元における非化石電源比率を踏まえ、激変緩和措置として、各小売電気事業者の非化石電源の調達状況に応じて目標値を設定する「化石電源グランドファザリング（GF）」が導入されることとなっています。第1フェーズは2018年度の非化石電源比率をGF設定の基準値にすることとされていました。第2フェーズでは、平均非化石電源比率が2018年度の22・8％から2021年度に28・8％へ上昇していることを踏まえ、3年分の上昇率である6％をGFの設定基準値から引き下げることとしています。

（※2）FITの非化石証書を販売したことによる収入は、FIT賦課金の低減へ充てることとされています。

概要

(1) 再エネ価値取引市場

２０１８年5月、ＪＥＰＸにおいて、先行的にＦＩＴ電気を対象とした「ＦＩＴ非化石価値取引市場」が創設され、取引が始まりました。

その後、再エネの調達に関するニーズの高まりを受けて、２０２１年11月からＦＩＴ非化石価値取引市場は名称が「再エネ価値取引市場」に変更され、従来の小売電気事業者に加えて需要家も非化石証書を直接取引することが可能となりました。

再エネ価値取引市場においては費用負担調整機関（※１）が証書発行の主体となり、同機関が証書を販売します。その販売収入については前記のとおり、ＦＩＴ賦課金の低減へ充てられます。同市場は年4回、３カ月ごとに実施され、価格決定方式はマルチプライスオークション方式とされています。ＦＩＴ非化石価値取引市場の時代は、前記のとおり、ＦＩＴ電気の非化石証書を販売したことによる収入は、ＦＩＴ賦課金の低減に充てられることを踏まえて、あまり低い価格としない観点から、最低価格は１・３円／ｋＷｈとされていました。しかし、再エネ価値取引市場に変わってからは、取引活性化を促す観点から0・3円／kWhに引き下げられ、2023年度は最低価格が0・4円／kWhとなっています。最高価格は4円／kWhとされており、転売は認められていません。

また、現在は、全量FIT電源ごとにFIT非化石証書に対応する電源種や発電所所在地等属性のトレーサビリティ（追跡性）を確認できるトラッキング付きとなっており、近時、参加表明をする企業が増加しているRE100（※2）にも活用できます。ただし、個人情報保護の観点から、住宅用などを念頭に20kW未満の太陽光発電設備については、発電設備名や設置者、設備の所在地の詳細といった個人の特定につながりうる情報をトラッキングの属性情報から除外することとされています。また、トラッキング先の具体的な発電設備名、設置者名を小売電気事業者や需要家が対外的に公表する場合は、発電事業者の同意を条件とすることとされています。これは、発電事業者が望まない小売電気事業者や需要家に割り当てられ、同意なくトラッキング情報を対外的に公表されるという発電事業者のレピュテーションリスクに配慮したものです。なお、3年間の試行期間を経て2022年8月の2022年度第1回オークションから、トラッキング業務が国からJEPXに移管されており、今後は、電源種や所在地等のトラッキング情報に対する需要が増大することを見据え、例えば、トラッキング手続きに一定の手数料を取ることや、証書価格そのものに差が生じるような方策（電源証明化）を検討する方向性が示されています。

２０２３年11月に２０２３年度第２回オークションが開催されましたが、その約定量は、過去最高となった第１回（約85億ｋＷｈ）から、さらに増加し、約88億ｋＷｈとなっています。

（※１）納付金の小売電気事業者等（小売電気事業者、一般送配電事業者および登録特定送配電事業者）からの徴収やＦＩＴ制度に基づき再エネを調達した小売電気事業者等に対する交付金の交付業務を行う機関をいい、現在は広域機関が指定されています。

（※２）ＲＥ１００とは、事業活動で使用する電力を、すべて再エネ由来の電力で賄うことをコミットした企業が参加する国際的なイニシアチブをいいます。

(2) 高度化法義務達成市場

２０２０年11月、ＦＩＴ電気以外の非化石電源の電気を対象とした非ＦＩＴ非化石価値取引市場が創設されました。その後、２０２１年11月からは、ＦＩＴ非化石価値取引市場が再エネ価値取引市場に名称変更されたことに合わせて、非ＦＩＴ非化石価値取引市場は

「高度化法義務達成市場」に名称変更されました。高度化法義務達成市場は文字どおり、エネルギー供給構造高度化法上の義務を負う小売電気事業者のみ参加が認められている市場です。

高度化法義務達成市場は、卒ＦＩＴ電源（（３）参照）以外の国が認定をした非ＦＩＴの非化石電源（原子力・再エネ）について非化石証書が発行され、小売電気事業者によるエネルギー供給構造高度化法上の義務達成のために活用されます。同市場は再エネ価値取引市場と同様、年4回実施することが予定されており、価格決定方式は、売り入札の主体が多数の事業者にわたり、かつ、ＦＩＴ非化石価値取引市場と異なりＦＩＴ賦課金の低減という目的がないため、ＪＥＰＸのスポット市場等と同様にシングルプライスオークション方式とされています。下限価格は０・６円／ｋＷｈ、最高価格は１・３円／ｋＷｈとされています。

（3）卒ＦＩＴ電源に関する非化石価値の取引

２０１９年11月以降、順次ＦＩＴ制度に基づく買い取りが終了する再エネの電源（以下「卒ＦＩＴ電源」）が出てきています。この卒ＦＩＴ電源は、現状は住宅用太陽光が中心となっており、その電源を保有する主体が消費者である場合が多い点に特徴があります。このため、発電事業者としての資格を有しない者が保有する非化石価値については、小売電気事業者などの電気事業者やアグリゲーターがまとめて買い取った場合に限って証書化することが可能とされています。

この卒ＦＩＴ電源については、非ＦＩＴ非化石価値取引市場での取引はできず、相対で購入することが必要となります。卒ＦＩＴ電源は２０１９年11月から発生し、２０２３年までに約１６５万件・約６７０万ｋＷに達しており、今後も毎年増加することとなります。小売電気事業者にとっては、需要家に対し、電気の販売（小売供給）とともに卒ＦＩＴ電源の買い取りを行うことで、いわゆるセット販売類似のものとして小売営業戦略にも活用できるところです。

この点に関して、卒ＦＩＴ電源がＦＩＴから卒業するまでの間の買い取りの多くは旧一般電気事業者が行っていることから、どの需要家が卒ＦＩＴ電源を保有しているかがわかるのが旧一般電気事業者に限定されており、競争上不公平ではないか、といった指摘があるところです。このため、ＦＩＴ電源の買い取りが終了する需要家に向けて旧一般電気事業者が発する文書においては、公平性に配慮した一定の表示に関する規律が設けられるとともに、一定の要件を満たした小売電気事業者が一定の広告を当該文書に同封することができることとなっています。詳細は、「卒ＦＩＴ買取事業者連絡会」のホームページ(https://after-solar.fit/index.html)をご参照ください。

(4) 非化石価値の取得方法

エネルギー供給構造高度化法の中間目標達成のためには、非化石価値を取得することが必要です。非化石価値は、ダブルカウントを防止する観点から、すべて国が認定する証書を通じて行うことが必要となります。具体的には、ＪＥＰＸの非化石証書に関する口座管理システムを通じて取引を行うこととされています。

小売電気事業者は、自社・相対、再エネ価値取引市場または高度化法義務達成市場を通じて非化石証書を取得することができます。ただし、卒ＦＩＴ電源に関する非化石証書は、相対で取得することが必要となります。

なお、自社・相対による非化石証書の取得については、第1フェーズにおいては、小売電気事業者に対する非化石価値へのアクセス環境確保の観点から、自社またはグループ内の発電事業者からの取得については、激変緩和量を除き、次の範囲内でのみ認められています。

①化石電源グランドファザリング（非化石電源比率が全体の平均値を下回る事業者の目標を引き下げる制度）を設定されていない事業者→化石電源グランドファザリング設定の基準年の全国平均非化石電源比率

②化石電源グランドファザリングを設定された事業者→化石電源グランドファザリング設定の基準年の当該事業者の非化石電源比率

前記①、②を超える部分については、市場またはグループ外の発電事業者等から調達することが必要となります。

また、需要家については、基本的には再エネ価値取引市場を通じてＦＩＴ非化石証書を取得することになりますが、次の場合は直接発電事業者から非ＦＩＴ再エネ証書を取得することが認められています。

・新設非ＦＩＴ電源：２０２２年度以降に営業運転開始となった非ＦＩＴ電源
・新設ＦＩＰ電源：２０２２年度以降に営業運転開始となったＦＩＰ電源
・ＦＩＴ電源から移行したＦＩＰ電源：２０２２年度以降に営業運転開始となったＦＩＴ電源がＦＩＰ電源に移行した場合

・卒ＦＩＴ電源

（5）非化石証書の種類

非化石証書については、非ＦＩＴ非化石証書のうち、再エネに由来するものについては、「再エネ指定」として販売するか、「指定なし」として販売するかの選択が可能とされています。そして、ＦＩＴ電源の非化石価値については「再エネ指定」の証書が発行されます。そのため、現状では非化石証書は3種類に分類されます。

（6）非化石価値証書収入の使途

エネルギー供給構造高度化法は非化石電源の利用促進を図る法律であることから、非化石証書の取引が非化石電源の利用促進につながることが望ましいといえます。また、非化石証書が小売料金の値下げに活用されると小売競争環境がゆがむのではないか、といった指摘もされていたところです。そこで、旧一般電気事業者であった発電事業者とＪパワー（電源開発）を対象に、非化石証書の販売収入を非化石電源の利用促進に充てていくような自主的な取り組みへのコミットメントを、当面の間、求めていくこととされています。

今後

現在、２０２４年度のエネルギー供給構造高度化法の目標設定やトラッキングに関する見直しの議論等が進められています。

トラッキングについては、その対象外とされている再エネ指定のない非ＦＩＴ非化石証書も対象とし、非ＦＩＴ非化石証書についても全量トラッキングを行う方向が示されています。また、現在、ＦＩＴ制度の下で小売電気事業者が市場を介さずに特定のＦＩＴ電源の電気の調達が優先的に認められている電源（※）のトラッキング情報は、無用な誤解や混乱を招く恐れがあることから、当該調達をしている者に対してのみ付与されることとされており、個別合意があった場合も優先的にトラッキング情報が付与されることになっています。もっとも、これらのうち、特定卸供給に基づくものを除き、一定の経過措置を前提として廃止をする方向性が示されているところです。

（※）特定卸供給の場合（一般送配電事業者が発電事業者から買い取った上で、契約に基づき、特定の小売電気事業者が供給先となる場合）および小売り買い取りの場合（全量送配電買い取りとなる以前に小売事業者が義務的に買い取っていたものが継続している場合）の電源をいいます。

また、再エネ電源の維持・拡大に資することを理由として、2022年度以降に出力増強や改良がなされた非FIT電源・FIP電源についても発電事業者と需要家との間で非FIT再エネ証書の直接取引を認める方向性が示されています。

コラム 非化石価値を活用したメニューを販売する際の表示のあり方

非化石証書については、エネルギー供給構造高度化法の非化石電源目標に活用できるという非化石価値のほか、次の①および②の価値を有するとされています。この地域で発電されたという「産地価値」やこの発電所で発電されたという「特定電源価値」は、非化石証書には付随しないとされています。

①「ゼロエミ価値」＝温対法上のCO_2排出係数が0kgCO_2／kWhである価値

②「環境表示価値」＝小売電気事業者が需要家に対して付加価値を表示・主張することができる価値

この②「環境表示価値」に関しては、電気の非化石価値が非化石証書に一元化されたことに伴い、小売営業GLの改定が行われました。ここでは詳細の説明は割愛しますが、非化石価値が電気とは切り離されたことに伴い、電源構成が再エネ１００％であったとしても、再エネ指定の非化石証書を活用しないと再エネ１００％といった訴求はできず、そのような場合は、再エネ電源としての価値がない旨の注釈を行うことが必要となる点には留意が必要となります。

　小売営業ＧＬ上、「再エネ」表示および「CO_2ゼロエミッション」表示については、**表５―１**のとおり整理されています（小売営業ＧＬ１(3)ウⅲ・参考32頁参照）。なお、ＦＩＴ電気については、環境価値が薄く広く全需要家に帰属することを踏まえて、従来は「実質」という表示が必要でし

表５－１　「再エネ」表示と「CO_2ゼロエミッション」表示

「再エネ」表示	「CO_2 ゼロエミッション」表示
①再エネ指定非化石証書 ＋非 FIT 再エネ電源	①非化石証書 ＋非 FIT 再エネ電源
再エネ	CO_2 ゼロエミ
②再エネ指定非化石証書 ＋FIT 電気	②非化石証書 ＋FIT 電気
再エネ （＋FIT 電気の説明※１）	CO_2 ゼロエミ （＋FIT 電気の説明※１）
③再エネ指定非化石証書 ＋①②以外の電源の電気 （JEPX調達・化石電源等）	③非化石証書 ＋①②以外の電源の電気 （JEPX調達・化石電源等）
実質再エネ （＋調達電源の説明※２）	実質CO_2 ゼロエミ （＋調達電源の説明※３）
④証書使用なし	④証書使用なし
訴求不可	訴求不可

※１　FIT 電気については、３要件（(ア)「FIT 電気」であること、(イ) FIT 電気の割合、(ウ) FIT 制度の各説明）が必要

※２、※３　環境価値の表示・訴求と近接するわかりやすい箇所に、電源構成や主な電源の表示を行い、これに非化石証書（※２は再エネ指定）を使用している旨の説明を行うことを前提とする

出所：小売営業 GL を基に作成

たが、「わかりにくい」、「ＦＩＴ電気も再エネである」といった指摘もあったところです。これを受けて、ＦＩＴ電気については、表5―1のＦＩＴ電気の3要件を明記する限りにおいては、「実質」表示なく「再エネ」と表示することが可能となっています（小売営業ＧＬ１⑶ウⅲ・参考32頁）。

なお、現在、非化石証書以外の様々な証書やクレジットが流通していますが、その位置づけを明確化することを目的として、今後小売営業ＧＬにおいて、次の内容を明記することが予定されています。

①非化石証書以外の証書等を用いた場合は、販売する電気そのものについて、環境価値の訴求はできないものの、

②販売する電気そのものの環境価値ではない旨を明示した上で、その非化石証書以外の証書等の価値を訴求することは妨げられない

ポイント
・再エネの市場統合へ向けた制度
・固定的な収入は保証せず、相対・スポット等での売電収入に、一定のプレミアムを上乗せして交付
・2022年4月より施行

背景

再エネ特措法は、東日本大震災が発生した2011年3月11日に閣議決定されました。その後、東日本大震災および東京電力福島第一原子力発電所事故を受け、再エネ導入の機運がさらに高まり、買い取り価格の考え方等の変更が行われた後、2011年9月に成立し、2012年7月から導入されました。当時、民主党の菅直人総理が辞任の要件の一つとして再エネ特措法の成立を挙げていたのを記憶されている方もいらっしゃるかと思います。筆者は、再エネ特措法成立後の2011年11月に資源エネルギー庁の新エネルギー対策課（現新エネルギー課）に出向し、再エネ特措法の特定契約（買取契約）・接続契約の拒否事由やこれらの契約のモデル契約書の作成などを担当していました。今となっては隔

世の感がありますが、再エネ特措法の導入前は旧一般電気事業者以外でメガソーラー（1000kW以上の太陽光発電設備）を維持・運営している事業者はほとんど存在していませんでした。この再エネ特措法の下では、再エネ事業者は再エネ電気を固定価格で長期間にわたって買い取られることが保証されており、投資回収の予見性が確保されています。これにより、発電所のキャッシュフローを引き当てにして資金調達を実施するプロジェクトファイナンスといったファイナンス手法の活用も活発化し、再エネ特措法の導入から現在までの間で、再エネ導入量は、太陽光を中心に大きく拡大し、電源構成全体に占める再エネの割合は、2011年度の10・4％（うち太陽光0・4％）から2020年度には19・8％（うち太陽光7・9％）に拡大し、その後も拡大を続けています（**図5—1**参照）。

一方で、再エネ特措法の下での再エネの導入拡大に伴う課題も顕在化してきているところです。その一つに国民負担の増大が挙げられます。再エネ特措法創設以来、太陽光発電を中心とした発電コストは低減傾向にあるものの、国際水準と比較して高額といわれており、国民負担増大の一因となっています。この点については、再エネ特措法の2016年改正においても、コスト効率的に再エネを導入するための入札制の導入や、認定を受けた

図５－１　再エネの導入量の推移（2010～2022年度）

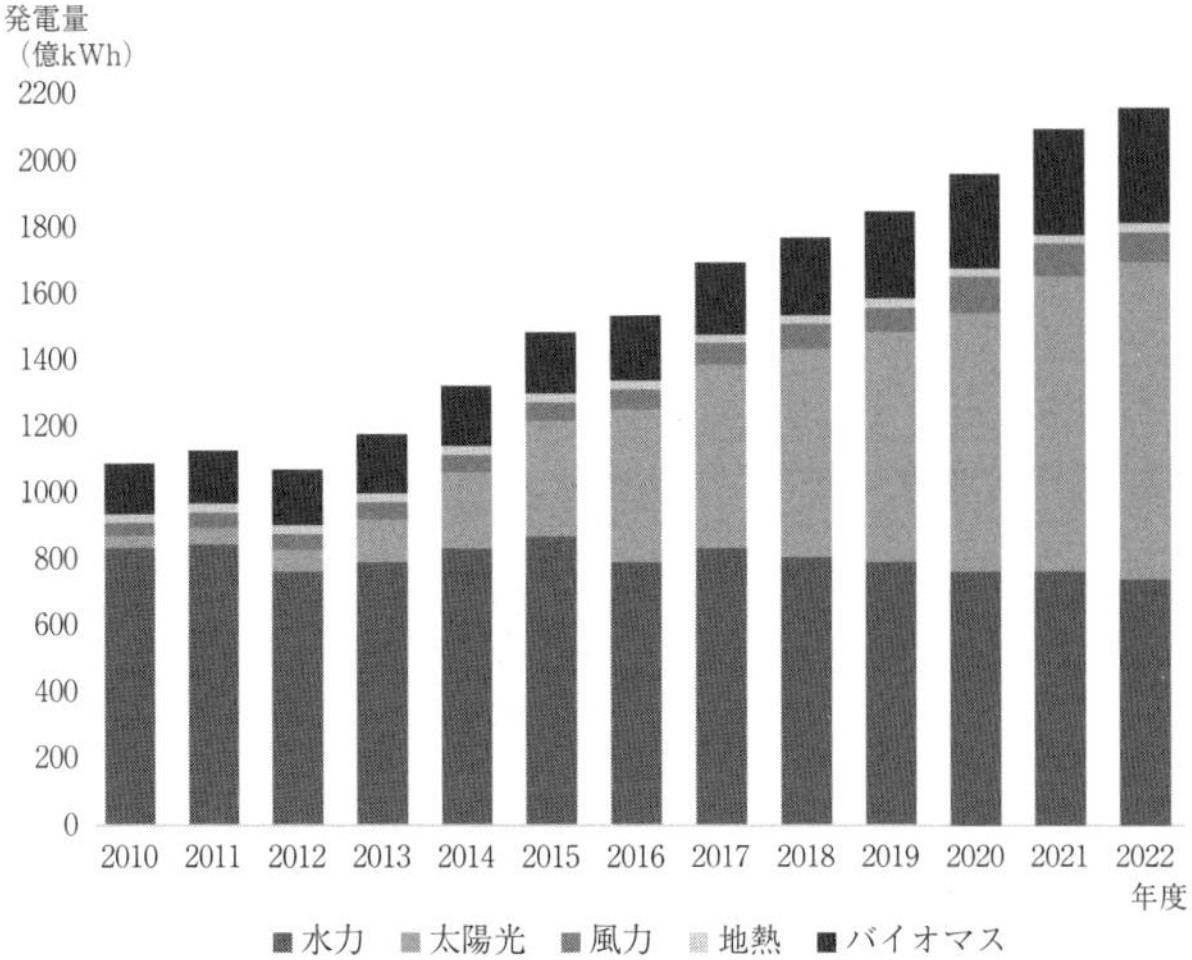

出所：総合エネルギー統計時系列表　電力調査統計を基に作成

まま事業を開始しない未稼働案件などへの対策として適切な事業実施を確保するための事業計画認定制度の創設などが行われたところですが、今後、再エネの導入をさらに拡大し、再エネの自立化を促すためには、適正かつ効果的に各電源の新規開発を促進しながら国民負担を抑制していくことが必要不可欠といえます。そのため、再エネ特措法を再エネが他電源と同様に電力市場に統合される支援制度へと変えていく必要があるといえます。

概要

（1）FIP制度の導入

前記の背景を踏まえ、エネルギー供給強靭化法においては、競争電源については、FIP制度を導入することとされました。FIP制度とは、相対取引やスポット市場取引による売電収入に、次の供給促進交付金（以下「プレミアム」）を上乗せして交付する制度をいいます。

基準価格（あらかじめ定める売電収入の基準となる価格）－参照価格（市場価格等に基づく価格）×売電量（再エネ特措法第2条の4）

この点について、例えば参照価格を市場で取引される時間単位（30分単位）で変更する場合、プレミアムの額も随時変更されるため収入の安定性が高くなり、投資インセンティブは強く確保される一方で、市場価格を意識した行動を促しにくくなるというデメリットがあります。他方、参照価格を長期間変更しない場合、市場変動にかかわらずプレミアムの額は固定されるため収入が予測しにくくなり、投資回収の予見性が下がるというデメリットはある一方で、市場価格が高い時間帯に売電を行うインセンティブが働くため、市場価格を意識した発電行動を促すことができるというメリットもあります。このため、投資インセンティブの確保と市場価格を意識した発電行動を促すこととのバランスを取ることが必要となります。

この点を踏まえ、参照価格については、「前年度年間平均市場価格＋月間補正価格（＝当年度月間平均市場価格－前年度月間平均市場価格）」とされています。この市場価格についてはエリアプライス（※）とし、市場価格の変動を踏まえた発電事業者の発電・売電行動を促すという趣旨から、スポット市場の価格のみならず、スポット市場の価格と時間前市場の価格を加重平均した価格とされました。

もっとも、太陽光や風力といった自然変動電源については、季節や時間帯による発電量が大きく変動するという特性があります（例えば太陽光は、夜間は一切発電しない）。この特性を全く考慮せずに加重平均した価格を単純平均すると、自然変動電源が卸電力市場から確保することが期待される収入水準とは大きく乖離する可能性が生じます。このため、自然変動電源については、エリアの発電実績を踏まえて加重平均を取ることとされています。

また、再エネの市場統合を進めるためには、電気の需要が少ない時間帯には卸電力市場価格が安くなるといった価格シグナルが事業者に伝わるようにすることが重要といえますが、出力抑制が発生する時間帯においてプレミアムを交付することは、この価格シグナルが適切に伝わらず制度趣旨にそぐわないところです。事業者がこの価格シグナルを受け、より多くの収入を受けることのできる時間帯に発電量をシフトする等の行動を促すため、スポット市場におけるエリアプライスが０・01円／ｋＷｈになった各30分コマ・エリアを対象に、プレミアムを交付せず、その分のプレミアムに相当する額を、前記以外の各30分コマ・同一エリアを対象に電源種別に割り付ける形で、プレミアムの算定を行うこととされています。

なお、最終的な参照価格やプレミアムの算定にあたっては、前記に基づき算出した卸電力市場の参照価格に環境価値相当額（環境価値の参照価格）を加算することとされています。この点については、（３）他市場との関係をご参照ください。また、現在、ＦＩＴ電源により生じるインバランス（計画値同時同量制度の下での計画値と実績の発電量＝ｋＷｈのズレ）については、インバランスリスク料としてＦＩＴ交付金から手当てする仕組みとなっているため、ＦＩＰ制度の下においても、このインバランスリスク料を「参照価格」の算定に当たり卸電力市場価格と環境価値の合計額から控除することにより、プレミアムに加算することとしています。ただし、自然変動電源については、制度開始当初は発電量の予測等のノウハウの蓄積が必要と考えられるため、経過措置として２０２２年度は１円／ｋＷｈ、ＦＩＰ制度施行から３年間は１円／ｋＷｈから０・05円／ｋＷｈずつ、４年目以降は０・１円／ｋＷｈずつ低減させた金額をインバランスリスク料に加算することにしています。

このインバランスリスク料については、事業者がバランシングコストを低減するインセンティブを持たせながら、ＦＩＰ制度のさらなる活用を促進する観点からの見直しも議論されています。

（※）一般送配電事業者の供給区域（エリア）をまたぐ取引量が地域間連系線の送電可能量を上回る場合、エリア間で市場が分断され、約定価格は全国一律の価格ではなく個々に約定処理を行った場合の価格が適用されます。この価格をエリアプライスといいます。

(2) 対象となる電源

対象となる電源については、調達価格等算定委員会で議論がされていますが、基本的な考え方として、①ＦＩＰ制度の対象となる領域のみならず、再エネの自立化を促し電力市場へ統合していく観点から、②ＦＩＴ制度の対象となる領域であっても、ＦＩＰ制度の適

表5－2　FIP制度の対象となる領域（2024年度）

発電種別	規模等	交付期間
太陽光	10～250kW未満：入札対象外（FITと選択可）	20年
	250kW以上：入札制	
陸上風力	50kW以上：入札制	20年
着床式洋上風力	50kW以上：入札制	20年
地熱	50～1,000kW未満：入札対象外（FITと選択可）	15年
	1,000kW以上：入札対象外	
中小水力	50～1,000kW未満：入札対象外（FITと選択可）	20年
	1,000kW以上：入札対象外	
バイオマス（一般木質等）	50～2,000kW未満：入札対象外（FITと選択可）	20年
	2,000～10,000kW未満：入札対象外	
	10,000kW以上：入札制	
バイオマス（液体燃料）	50kW以上：入札制	
バイオマス（その他）	50～2,000kW未満：入札対象外（FITと選択可）	
	2,000kW以上：入札対象外	

出所：経済産業省プレスリリース等を基に作成

用を希望する場合は、ＦＩＰ制度の適用を認めることとされています。また、同様の趣旨で、③既にＦＩＴ認定を受けている場合であっても、希望があればＦＩＰ制度への移行を認めることとされています。②および③については、ＦＩＰ制度導入当初は一定の要件（※）を具備した50ｋＷ以上（高圧・特別高圧。ただし、事業用太陽光については２０２３年度以降は10ｋＷ以上）に限って認めることとされています。

（※）具体的には、供給しようとする電気の取引方法が定まっていること、および当該認定事業者が、系統連系先の一般送配電事業者が定める系統連系技術要件におけるサイバーセキュリティに係る要件を順守する事業者であることを要件とすることとされています。

①について、現時点で決まっている2024年度の取り扱いについては**表5―2**のとおりです。

(3) 他市場との関係

ＦＩＰ制度の目的が再エネの電力市場への統合であることから、ＦＩＰ制度の対象となる電源の環境価値（非ＦＩＴ非化石証書〔再エネ指定〕としての価値）は、ＦＩＴ電源と異なり、ＦＩＰ制度の適用を受ける事業者（以下「ＦＩＰ事業者」）に帰属することと整理されています。そして、ＦＩＰ制度はあくまでも電力市場への統合のためのインセンティブのための制度であることから、ＦＩＰ事業者が、プレミアムによる補塡を前提として、非化石証書を安易に低い価格で取引するようなことがあれば、本来の制度趣旨にはそぐわないといえます。このため、環境価値については過去の市場価格（直近1年間＝4回開催分の価格）の平均値（約定量による加重平均）を参照することとされています。また、環境価値相当額を踏まえた参照価格の算定に当たっては、非化石価値取引市場で得ることができる収入をＦＩＰ制度のプレミアムの金額に適切に反映するため、（１）に基づき算出した卸電力市場の参照価格に環境価値の参照価格を加算して、参照価格やプレミアムを算定することとされています。

また、ＦＩＰ制度において、ｋＷ価値はＦＩＰ制度の基準価格の算定にあたって考慮されていること等から、価値の二重取りを防止する観点等から容量市場への参入は認められていません。一方、⊿ｋＷの価値はＦＩＰ制度では評価されていないこと等から、価値の二重取りとはならないとして需給調整市場への参入は認められています。

(4) 契約関係

ＦＩＰ制度の下においては、ＦＩＰ価格算定にあたって、参照価格は前記のとおりＪＥＰＸの価格を基準としていますが、実際には相対取引等も想定されます。具体的に想定される市場における取引方法としては、大きく分けて**図5―2**の３パターンが挙げられるところです。

なお、買い取り先との卸供給契約が買い取り先の倒産等、ＦＩＰ事業者の責めに帰すべき事由によらないで終了した場合、ＪＥＰＸの資産要件（現行では純資産額１０００万円

図5－2　FIP認定事業者の想定されるkWh価値の主な市場取引方法

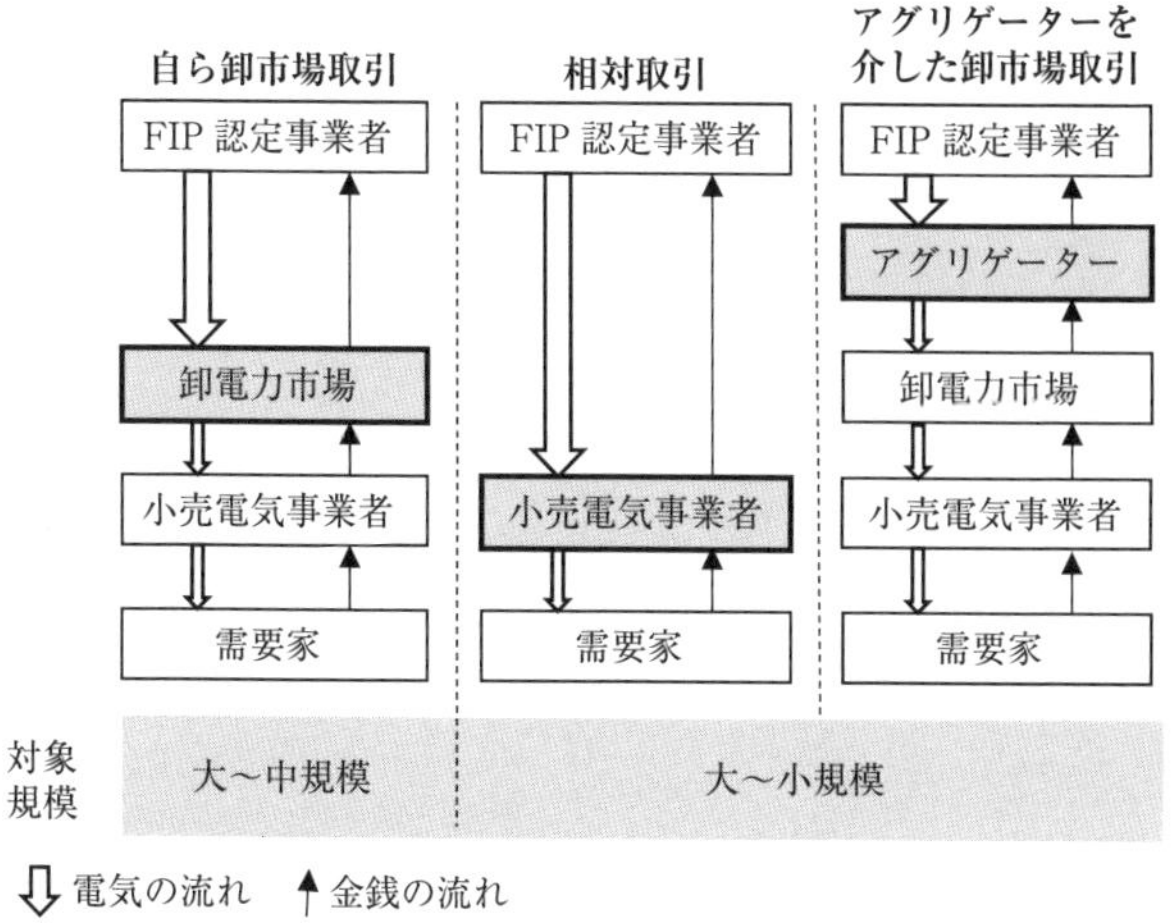

出所：総合資源エネルギー調査会基本政策分科会　再生可能エネルギー主力電源化制度改革小委員会資料

以上）を満たさず、JEPXを通じた取引ができない1000kW未満の電源を保有するFIP事業者に限り、緊急避難的な対応として、連続して最長12カ月間、基準価格の80%で一般送配電事業者等に買い取りを求めることができることとされています。これは最終保障供給（第1章3概要参照）のFIP版といえます。

今後

FIP制度は、2022年4月よりスタートしました。再エネの自立化を促し電力市場に統合するための支援制度であることから、その運営にあたっては、FIT制度と比較するとより一層、電力市場の実態や動向を踏まえた対応が必要となり、難しい舵取りが求められるところです。

コラム　廃棄費用の積み立て

太陽光発電は、再エネ特措法の施行以後着実に導入が進んでいますが、参入障壁が低いことから、様々な事業者が取り組むことに加え、事業主体の変更が行われやすいという面があります。太陽光パネルには鉛・セレン等の有害物質が含まれていることもあり、発電事業の終了後、太陽光発電設備が放置・不法投棄されるのではないかといった懸念があるところです。再エネ特措法施行以来、廃棄等に必要な費用（以下「廃棄等費用」）を織り込んで調達価格が決定されており、本来は発電事業者が調達期間終了後（基本的には運転開始20年後）に備えて積み立てを自発的に実施することが期待されるところです。もっとも、実際には積み立ての実施率が低かったことから、事業用太陽光発電設備（10ｋＷ以上）の廃棄等費用について、２０１８年4月に積み立てを努力義務から義務化し、同年7月から定期報告において積み立ての計画と進捗状況の報告を義務化していました。しかし、積み立ての水準や時期は事業者の判断に委ねられるため、依然として適切なタイミングで必要な資金確保ができないのではないかとの懸念が示されていました。

このような状況を受け、エネルギー供給強靭化法においては、廃棄費用の積み立てに関する制度（解体等積立金制度）が設けられました（再エネ特措法第2章第7節）。

廃棄等費用は、原則として交付金から控除し、広域機関に積み立てを行ういわゆる源泉徴収的な積み立て方式とされています（同法第15条の6第3項、4項、第15条の8）。新エネルギー小委員会の下に設置された、太陽光発電設備の廃棄等費用のあり方を具体的に検討する「太陽光発電設備の廃棄等費用の確保に関するワーキンググループ」においては、筆者も委員として議論に参加しました。膨大な数がある特定契約（買取契約）や接続契約を変更せずに源泉徴収する方法については相当頭を悩ませましたが、法制度上一定の手当てをすることで、買い取り事業者のＦＩＴ事業者に対する廃棄等費用の積立金の支払い請求権と、買い取り事業者がＦＩＴ事業者に負う買い取り代金債務の相殺処理を可能とすることにより、各契約の変更なく廃棄等費用を源泉徴収することを実現しています。このように、廃棄等費用については源泉徴収的な積み立てが原則ですが、対外的な公表や廃棄等費用の確保が確認できる等、一定の要件を満たすものとして認定を受けた場合は、例外的に事業者自ら積み立てることが認められています（同法第15条の11、第9条第3項、第4項）。これは、金融機関との契約に基づき適切な資金管理が実施されているプロジェクトファイナンスなどの案件を念頭に置いたものとなります。

また、当面は、10kW以上の太陽光発電設備の認定案件が対象とされており、積立金額の水準は、調達価格の算定において想定している廃棄等費用の水準（資本費の5%が原則）を踏まえて決定されています。調達期間の終了前10年間が積立期間として想定されていますので、2022年7月以降順次積み立てが開始されることとなります。

法制度上、解体等積立金制度については太陽光発電に限ったものではありません。将来的には、具体的な状況を踏まえ、太陽光発電以外に適用される可能性も残されています。

加えて、太陽光に限らない再エネ発電設備のリサイクル・適正処理に関する対応の強化に向け、制度的対応も含めた具体的な方策について検討することを目的として、環境省・経済産業省が共同事務局となって「再生可能エネルギー発電設備の廃棄・リサイクルのあり方に関する検討会」が２０２３年４月に立ち上げられ、検討が進められているところです。

3　洋上風力の促進のための制度（再エネ海域利用法等）

ポイント
・一般海域において最大30年間占用が可能に
・漁業関係者等の先行利用者との調整の枠組みも整備
・系統も将来的には国が確保へ

背景

洋上風力発電は、海外では急激にコスト低下が進み、大規模な開発も可能であることから、海に囲まれ、かつ国土の面積も狭い日本において、再エネの最大限の導入と国民負担抑制を両立する重要な電源といえます。

港湾区域における海域の利用ルールは2016年の港湾法の改正により整備されていましたが、より設置可能量が多い一般海域の利用ルールに関しては、長期占用を実現するための統一的ルールや先行利用者との調整の枠組みが存在しないなどの課題により導入が進んでいないといった課題があり、それが一般海域における洋上風力の導入が進まない最大の要因となっていました。

概要

(1) 再エネ海域利用法

2018年11月、これらの課題に対応することを目的とした、内閣府、経済産業省および国土交通省の共管となる再エネ海域利用法が成立し、2019年4月から施行されています。

再エネ海域利用法は、洋上風力発電の円滑な導入のため、一般海域の長期占用を実現するための統一的ルールを定めるものであり、まず、経済産業大臣および国土交通大臣がポテンシャルや系統の状況および漁業関係者の同意の有無等を踏まえ、「促進区域」を指定します。次に、促進区域内において、事業者を選定するための公募手続きを実施します。公募にあたっては、供給価格のみならず、事業の実施能力や地域との調整等の観点から事業実現性も評価の対象とされています。日本国内で例のない事業であることを踏まえ、当面は供給価格と事業実現性を1対1で評価することとされていますが、将来的には国民負担の低減の観点も踏まえ、供給価格の比率を高くすることが予定されています。そして、この公募により選定された事業者に対して、促進区域内の海域を最大30年間占用する権利が付与されることとなります（再エネ海域利用法第19条第2項）。

また、再エネ海域利用法では、海運業や漁業等の海域利用との調整枠組みとして、関係者間で必要な協議を行うための協議会を設置することが定められています（同法第9条）。具体的には、「（i）経済産業大臣、国土交通大臣及び関係都道府県知事」、「（ii）農林水産大臣及び関係市町村長」ならびに「（iii）漁業関係者等の利害関係者、学識経験者等の（i）に記載するいずれもが必要と認めた者」が構成員となることとされています。協議会の構成員に対する法的な拘束力はないという点で一定の限界はありますが、協議会の構成員は協議の結果を尊重することが求められています（同法第9条第6項）。一方、協議会でのとりまとめにおける留意事項として、漁業の振興を目的とした基金の創設といった

図5－3　再エネ海域利用法の概要

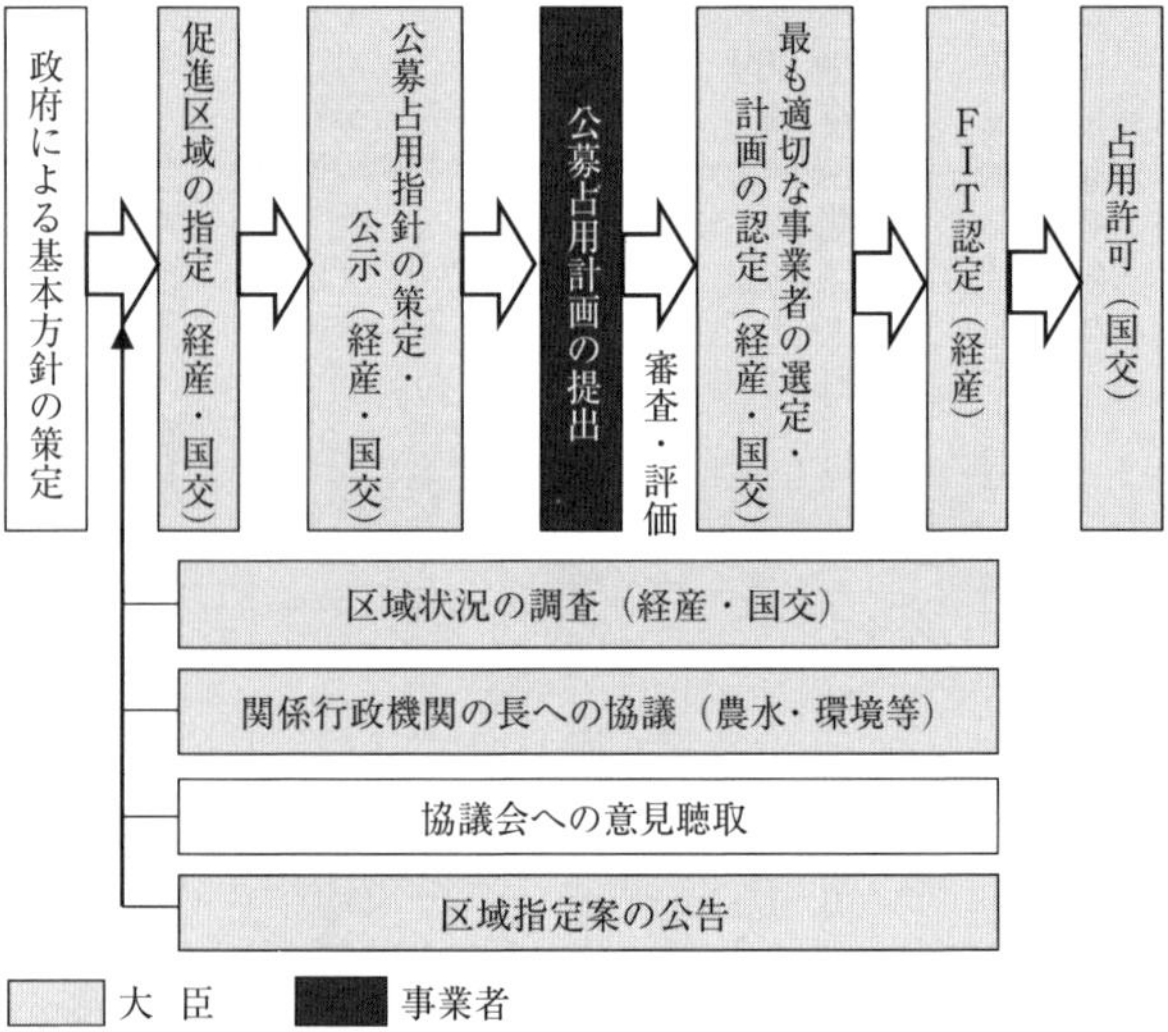

出所：資源エネルギー庁資料を基に作成

漁業関係者との具体的な調整の方針が明記されており、公募にあたっては、公募参加者にその留意事項を尊重することが求められているところです。このような協議会の仕組みは、事業者の予見可能性を向上させ、その負担を軽減するとともに、漁業その他の海域の多様な開発および利用、海洋環境の保全ならびに海洋の安全の確保との調和を図ることにつながることが期待されるところです（以上につき、**図5―3**参照）。

（2）第1回の公募を踏まえた見直し

「秋田県能代市・三種町・男鹿市沖」「秋田県由利本荘市沖」「千葉県銚子市沖」の3海域について実施された、いわゆる第1ラウンドの入札では、三菱商事系のコンソーシアムがすべて落札しました。3海域の中でもっとも発電出力の大きい「秋田県由利本荘市沖」は発電単価11・99円／kWhと予想外に安く、業界関係者に衝撃をもたらしました。

その結果を踏まえて、第2ラウンド（「秋田県八峰町・能代市沖」「秋田県男鹿市・潟上市・秋田市沖」「新潟県村上市・胎内市沖」「長崎県西海市江島沖」）においては、主に次のとおり、公募手続きのルールが一部見直されました。

①事業計画の実現性に配慮する基準を設けつつ、運転開始時期が早い事業計画を評価する観点から、運転開始時期に対する絶対基準を設けた上で、数カ月の計画遅延の可能性も踏まえつつ、より早期の運転開始を促すインセンティブを設ける観点から、段階的な評価基準を設定。併せて、運転開始予定日から遅延した場合のペナルティとして、保証金を没収

②公募参加者の1者あたりの落札制限として、1GW（100万kW）の基準を設定（第2ラウンドの公募容量は、合計1・8GW〈180万kW〉）。ただし、第3ラウ

ンド以降は公募の結果も踏まえ適用を検討

③すべてFIP制度を適用。認定事業者の基準価格（＝供給価格）が常に参照価格以下（以下「ゼロプレミアム水準以下」）となれば、基準価格の高低によらず、国民の賦課金負担に差が生じない（第5章2参照）ため、供給価格がゼロプレミアム水準以下の場合は、一律価格点は満点評価とする（第2ラウンドのゼロプレミアム水準は3円／kWhに設定）

(3) 円滑な系統連系に向けた対応

再エネ海域利用法においては、系統の連系に関して特別なルールが設けられておらず、促進区域の指定にあたっては、系統の確保が見込まれることが要件となるにとどまります。そして現状は、公募への参加を希望する事業者が確保している系統を当該公募において活用することを希望していることが必要となります。もっとも、公募の結果、系統を提供した事業者（以下「系統提供事業者」）以外の事業者が選定された場合は、選定された事業者（以下「選定事業者」）に適切に承継されないリスクが残ります。この点については、公募においては、系統提供事業者に対して、既に支払い済みの工事費負担金や諸経費に一定の運用利益率を乗じた金額で、選定の通知を発した日の翌日から3カ月以内に遅滞なく当該系統容量に係るすべての接続契約上の地位等を選定事業者に承継することが求められています。その期間内に、合理的な理由なく系統提供事業者が当該契約上の地位等を承継しなかった場合等においては、一定の期間、その系統提供事業者は、再エネ海域利用法に基づく公募への参加を認められないこととされています。これにより、系統提供事業者以外の者が選定されたとしても系統が承継されないという事態を回避することを担保しています。

もっとも、区域指定の前提として事業者による系統容量の確保を求めることとすると、次のような課題が生じるところです。

①区域指定の規模が、事業者が獲得した系統枠の規模に依存するため、対象区域の自然的条件等に基づく発電ポテンシャルを踏まえた適切な出力規模となっていない可能性

②海域の占有は陸上と異なり、風力事業者が同じ区域で重複して系統枠を確保してしまうおそれがあり、必要規模以上に系統枠が押さえられてしまい、本来系統接続できたはずの他電源が接続できなくなる可能性

このため、区域指定プロセスとも整合する形で、適切な出力規模に対して必要な系統容

量を、国が暫定的に確保する仕組みである「系統確保スキーム」について制度設計が進められています（図5―4参照）。なお、2023年4月以降、ローカル系統についてもノンファーム型接続となったため、発電事業者公募の実施前に国が系統容量を暫定的に確保することは必ずしも必要ありません。もっとも、系統容量以外の要素（連系点において物理的に連系が可能な件数等）については、ノンファーム型接続であっても制限が生じるため、系統の空き押さえや重複した設備形成を防止する観点から、洋上風力の公募プロセスに合わせて系統接続の確保を国に一本化する取り組みは引き続き必要となります。

2022年度に北海道の5区域を対象として事前調査が実施され、その結果を踏まえ、当該区域が2023年5月に有望区域に指定されています。今後は「系統確保スキーム」を原則とすることで、円滑かつ合理的な系統接続が図られることが期待されます。

（4）基地港湾の整備

再エネ海域利用法においては、基地港湾については促進区域と一体的な利用が可能であることが促進区域指定の要件とされていますが、洋上風力の建設を巡っては港湾の機能強化が課題とされていました。ブレードなど大規模な資機材の荷揚げや設備の組み立てなど

図5－4　系統確保スキームのフローイメージ

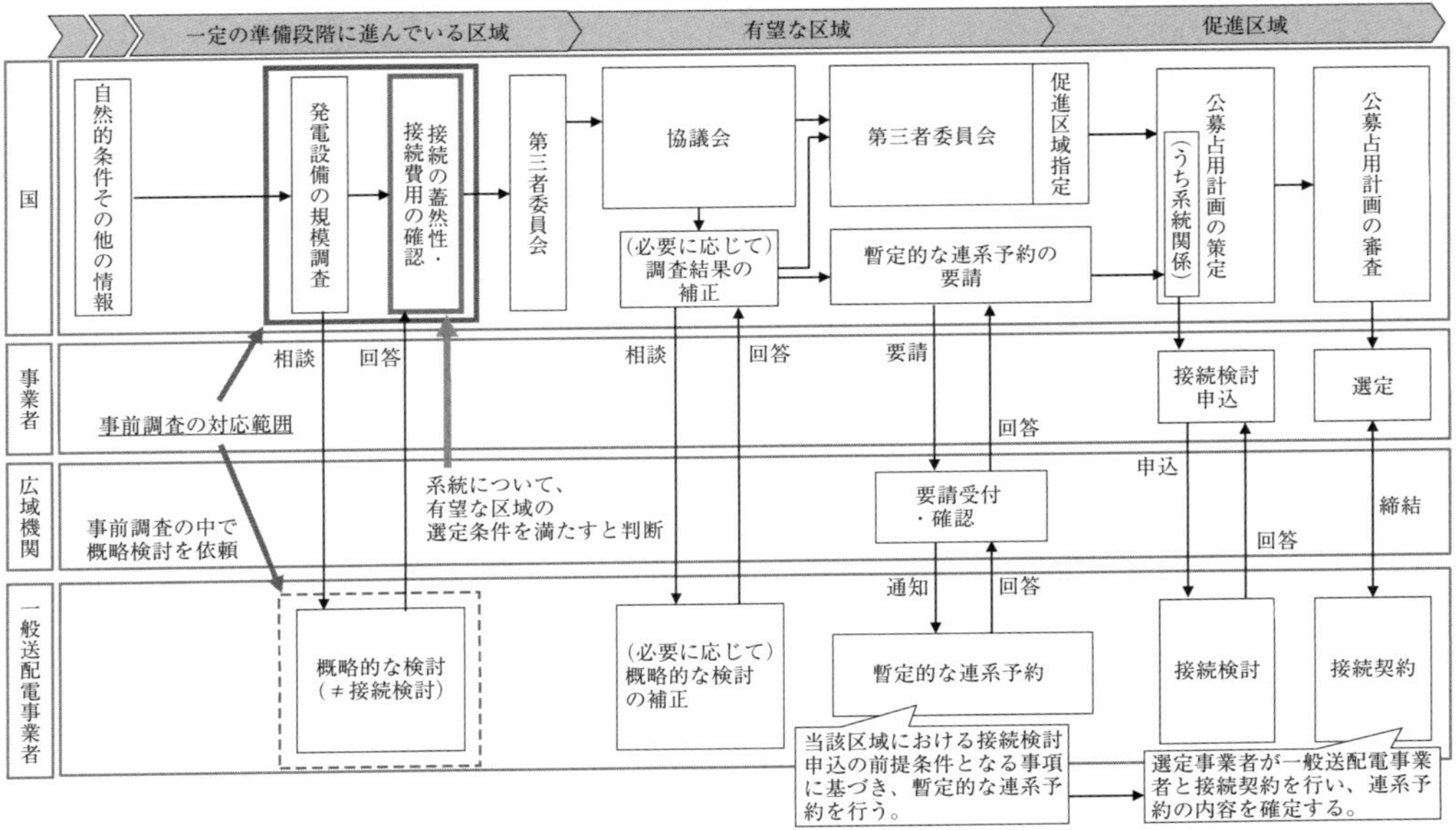

出所：総合資源エネルギー調査会　省エネルギー・新エネルギー分科会再生可能エネルギー大量導入・次世代電力 NW 小委員会洋上風力促進 WG、交通政策審議会港湾分科会環境部会洋上風力促進小委員会　合同会議資料

を扱える港湾は少なく、その利用にも参入時期の異なる複数の発電事業者間による調整が必要となります。

この問題に対処するため、洋上風力発電設備の設置に向けた埠頭貸付制度の創設などを盛り込んだ改正港湾法が２０１９年11月に成立しました。同改正法においては、国土交通大臣が建設拠点となる基地港湾を指定し、設備設置後の大規模修繕などにも対応できるように発電事業者に長期間貸し付ける制度を設けることとされています。これを受け、２０２０年９月に能代港、秋田港、鹿島港および北九州港が、２０２３年４月に新潟港が基地港湾に指定されています。

今後

２０２３年12月に第２ラウンドの結果が公表されました。対象４海域のうち３海域の結果が公表され、すべて異なる事業者グループが落札しました。また、「秋田県男鹿市・潟上市・秋田市沖」「新潟県村上市・胎内市沖」における選定事業者は、ゼロプレミアム水準を下回っていました。なお、「秋田県八峰町・能代市沖」は、最も評価の高かった事業者について港湾の利用重複に伴い公募占用計画の再提出が必要となっており、２０２４年

３月に選定結果を公表する予定とされています。

洋上風力の産業競争力強化に向けた官民協議会においては、政府として年間１００万ｋW程度の区域指定を10年継続し、２０３０年までに１０００万ｋW、２０４０年までに浮体式も含む３０００万～４５００万ｋWの案件を形成することを目標に掲げています。

前記のとおり、洋上風力の促進のために必要な各種制度の整備は着実に進められてきているところですが、２０５０年のカーボンニュートラル実現に向けて洋上風力の導入拡大は不可欠です。このため、現在政府では、案件形成の初期段階から政府や自治体が関与し、より迅速・効率的な調査等を行うことで効率的な案件形成につなげる「セントラル方式」の確立に向けた制度設計が進められているところです。また、日本の排他的経済水域（ＥＥＺ）における洋上風力発電の導入の検討も進められており、洋上風力発電の導入が着実に進むことが期待されます。

4　コーポレートＰＰＡの拡大

ポイント

・直接発電所と紐づいた再エネ電気を購入するニーズの高まり
・オンサイトＰＰＡは電気事業法の規制対象外、オフサイトＰＰＡは小売供給型・自己託送型・自営線型・バーチャル型が存在
・自己託送の要件が厳格化

背景

政府による２０５０年カーボンニュートラル宣言等を受けて、カーボンニュートラルに向けた各企業の取り組みも活発化しており、ＲＥ１００（事業活動で使用する電力を、すべて再エネ由来の電力で賄うことをコミットした企業が参加する国際的なイニシアチブ）へ参加する企業やＳＢＴ（パリ協定が求める水準と整合した、5年から15年先を目標として企業が設定する、温室効果ガス排出削減目標およびその達成に向けた国際イニシアチ

ブ）、ＣＤＰ（投資家向けに企業の環境情報の提供を行うことを目的とした国際的なＮＧＯが、気候変動等に関わる事業リスクについて、企業がどのように対応しているか、質問書形式で調査し、評価した上で公表するもの）に参加する企業も増えているところです。

発電所と直接紐づいた再エネ電気を購入したいというニーズが高まりを見せています。２０１５年頃から筆者は、オンサイトＰＰＡを中心にそのスキームや契約書作成等のアドバイスを実施してきました。近時は引き続きオンサイトＰＰＡの相談はあるものの、オフサイトＰＰＡの相談が多くなってきている印象を受けています。

概要

概念は必ずしも明確ではないですが、本書では、企業や自治体などの法人が特定の発電所で発電した電力／環境価値と紐づきで当該電力／環境価値を購入する相対契約をコーポレートＰＰＡと呼びます。このコーポレートＰＰＡは、大きく「オンサイトＰＰＡ」と「オフサイトＰＰＡ」の２つに分かれます。類型については、**図５―５**をご参照ください。

図５－５　コーポレートPPAの類型

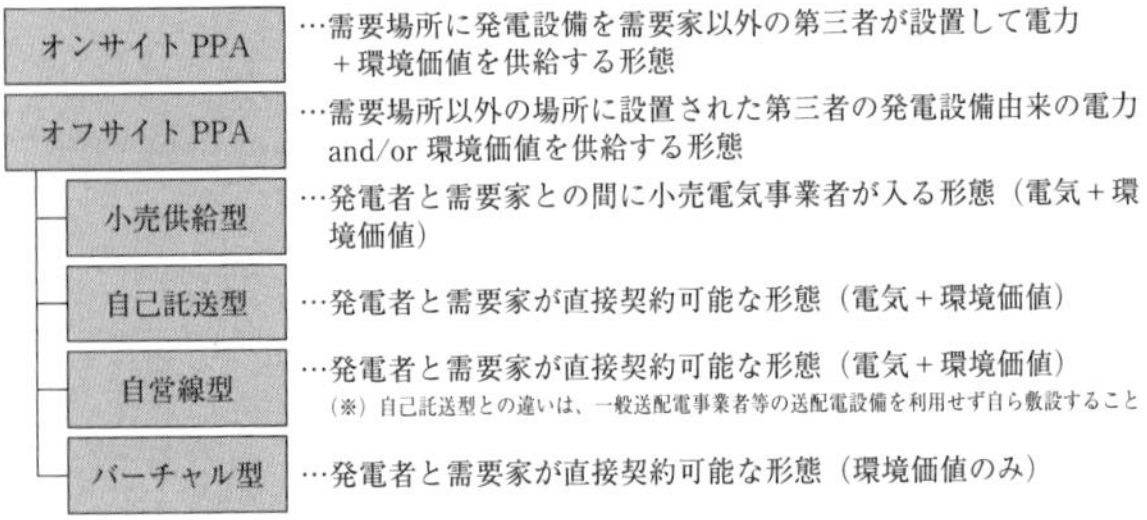
オンサイトPPA
…需要場所に発電設備を需要家以外の第三者が設置して電力＋環境価値を供給する形態
オフサイトPPA
…需要場所以外の場所に設置された第三者の発電設備由来の電力and/or 環境価値を供給する形態
小売供給型
…発電者と需要家との間に小売電気事業者が入る形態（電気＋環境価値）
自己託送型
…発電者と需要家が直接契約可能な形態（電気＋環境価値）
自営線型
…発電者と需要家が直接契約可能な形態（電気＋環境価値）
（※）自己託送型との違いは、一般送配電事業者等の送配電設備を利用せず自ら敷設すること
バーチャル型
…発電者と需要家が直接契約可能な形態（環境価値のみ）

(1) オンサイトＰＰＡ

オンサイトＰＰＡは、工場やスーパーの屋根など需要家の施設の屋根等に第三者が太陽光発電設備等の発電設備を設置し、その発電設備から需要家の施設に供給する契約をいい、発電設備と需要が同一の発電場所兼需要場所にあることを前提としています。また、当該発電設備からの電力で不足する場合は、小売電気事業者等から別途供給を受けることになります。

オンサイトＰＰＡは発電設備を一度設置すると、供給先が需要家の施設以外の代替性が基本的にはなく、投資回収の観点から10年以上の長期にわたる契約を締結することから、当該需要家施設の需要の安定性や継続性、需要家の信用力が重要となります。このため、オンサイトＰＰＡにおいては、需要が減少した場合の手当てとして、最低引取量の定めや需要が一定以上、下振れした場合における供給価格の見直しとい

図５－６　差分計量のイメージ

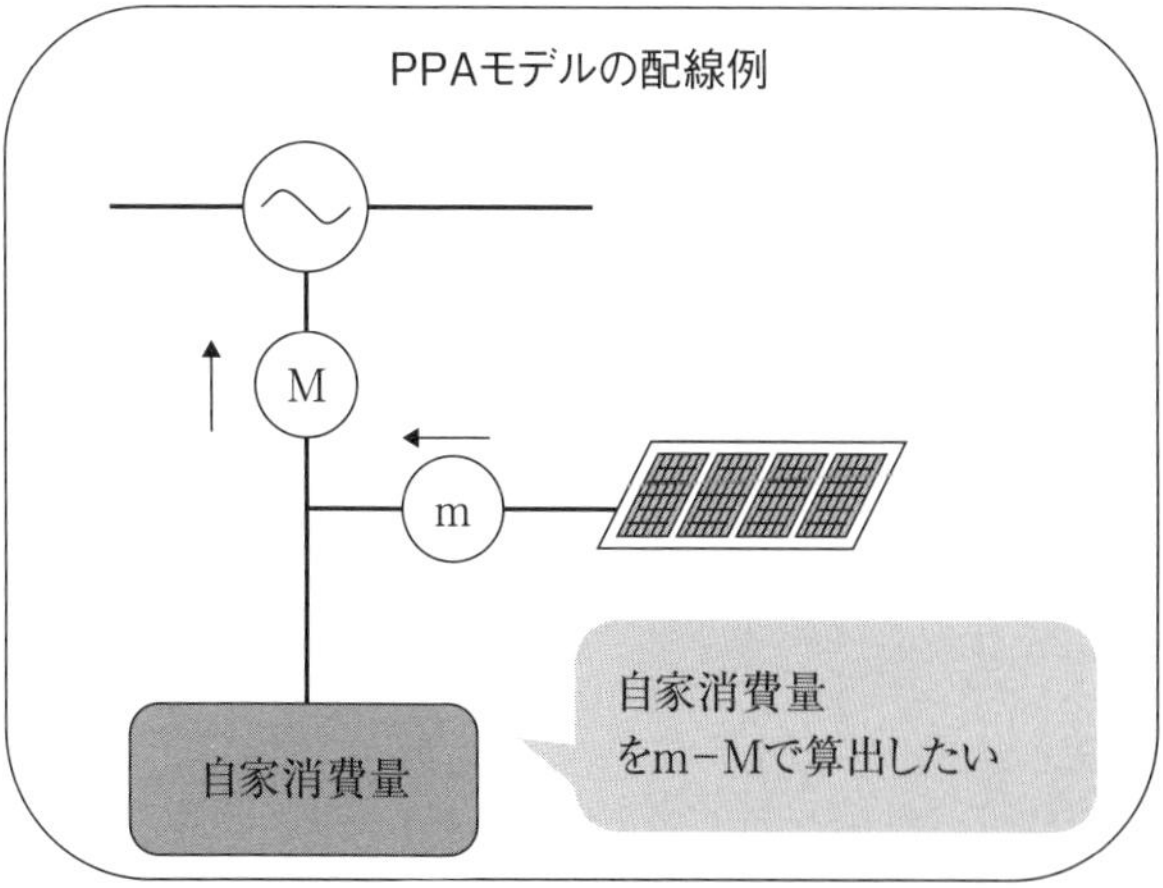

出所：経済産業省　特定計量制度及び差分計量に係る検討委員会資料

った規定を設けたり、当該施設において事業を廃止した場合の手当てに関する規定を設けたりすることが一般的といえます。

また、オンサイトPPAにおいては、発電設備から発電した電力のうち需要家の施設では消費されず余剰となった電力を一般送配電事業者の系統へ流す（以下「逆潮流」）場合は、計量法との関係について留意が必要となります。この点、需要場所には、系統側への逆潮流量を計測するため一般送配電事業者が設置する検定済みの計量器（**図５－６**のＭ）があるところ、自家消費量を計量するためには、発電設備に検定済みの計量器（**図５－６**のｍ）を設置し、当該計量器で計量された発電電力量

（m）から一般送配電事業者が設置する計量器で計量された逆潮流電力量（M）を控除する方法が合理的な計量方法と思われます。仮に自家消費量を直接計量する場合は、分電盤などの追加工事が必要となり、物理的に設置が困難なケースも存在するところです。

もっとも、このような差分計量については、従来、正確な計量をするよう努めることを求めている計量法第10条に違反し、同法に基づく指導・勧告の対象となりうるところでしたので、契約上の一定の工夫が必要でした。ただし、現在は次の要件を満たす場合、差分計量が認められることが明確化されています（電気計量制度に関するQ＆A「差分計量について」資源エネルギー庁ホームページ参照）。

①差分計量による誤差が特定計量器に求められる使用公差内となるよう努めること

スマートメーター同士を使用する差分計量については、取引の精算期間等において、差し引かれる計量値に対して差分計量により求める自家消費量が発電量の20％以上であることが必要とされています。また、差分計量で求める値に対して差し引く計量値の割合が一時的に一定割合を下回る期間（例えば、自家消費量が少ない期間）については、別の精算ルールを設ける等、取引の相手方に損をさせない取引ルールを定める必要があるとされています。

②それぞれの計量器の検針タイミングをそろえていること
③それぞれの計量器の間に変圧器等電力消費設備を介さないことなど適正に差分計量を行える配線であること
また、当事者間のトラブル発生を防ぐ観点から、次の事項を実施することが必要とされています。
④差分計量を行うことについて当事者間で合意があり、契約・協定等で担保されること
⑤当事者がそれぞれの計量器の計量値を必要に応じて把握できるようにしておくこと
契約上も以上の点を踏まえた手当てが必要となります。

(2) オフサイトＰＰＡ

オフサイトＰＰＡという言葉は人によって使い方・捉え方が様々という印象ですが、本書では、オンサイトＰＰＡと異なり、太陽光発電設備等の発電場所と異なる場所に需要家の需要場所がある場合において、当該の特定の発電所で発電した電気／環境価値と紐づきで需要家へ当該電力／環境価値を供給することを内容とする契約をいうこととします。

発電設備の発電場所と異なる場所に需要家の需要場所がある場合は、原則として小売電

気事業者を介することが必要となり、これ以外で供給する場合は、原則として特定供給の許可が必要となるところです（電気事業法第27条の33第1項）。小売電気事業者を介する場合は、電気事業法に基づく説明義務や書面交付義務が課されることとなり、供給条件についても小売営業GLの規律に服することとなります。この場合、オンサイトPPAと比較して、比較的容易に代替供給先を確保することが可能であり、仮に代替供給先が確保できなくても、JEPXの卸電力市場へ供出することで、一定のリスクヘッジが可能となります（この点は、後述する自己託送型も同様です）。

もっとも、「自己託送に該当する場合」や「自営線を敷設して直接供給する場合で、もっぱら1の需要場所の需要に応じて電気を供給する場合」は、例外的に特定供給の許可がなくとも需要家へ電力を直接供給することが可能となります。

自己託送とは、自家用発電設備を設置する者が、その設備を用いて発電した電気を、一般送配電事業者が維持・運用する送配電ネットワークを介して別の場所にある自社工場等に送電する際に、一般送配電事業者が提供する託送供給サービスをいいます。自己託送は託送供給の一部である接続供給の一つに位置づけられています（電気事業法第2条第1項第5号ロ）。自己託送は、いわゆる自家発自家消費の一種という位置づけであるため、発電設備の設置者と電気の供給を受ける者が同一または親子会社関係にあること等、自家発自家消費に準じた「密接な関係」が必要とされています。もっとも、2021年度において、この「密接な関係」の解釈を拡大し、カーボンニュートラル社会に向けてFIT／FIP制度に依存しない脱炭素電源の導入を促すとともに、公平性・公正性・需要家保護を確保する観点から、供給者とその相手方が共同して組合を設立する一定の場合（※）も「密接な関係」があると整理されました。

（※）具体的には、次のいずれもの要件を満たす場合には、「密接な関係」があるとして整理されています。なお、FIT またはFIP制度の適用を受けている電源は自己託送制度は利用できません。

①組合の組合契約書において、当該組合が長期にわたり存続する旨が明らかになっていること
②組合の組合員名簿等に当該供給者および当該相手方の氏名または名称が記載されていること
③組合契約書において電気料金の決定の方法や送配電設備の工事費用の負担の方法が明らかになっていること、その内容が特定の組合員に対して不当な差別的取り扱いをするものでないことが認められること、その他組合契約書の内容等により当該供給者が当該相手方の利益を阻害するおそれがないと認められること

④当該組合の組合員が新設した、再エネ電源その他の化石電源以外の発電設備による電気の取引であること

また、「自営線を敷設して直接供給する場合」に関しては、相談を受けるケースは多くないですが、2021年4月から託送供給等約款の改定により、再エネの導入拡大やレジリエンスの向上等の電気の利用者の利益に資する場合に、一定の条件（※）の下で「1需要場所複数引込み」や「複数需要場所1引込み」が認められることとなっています。これにより、別需要地の再エネ電力の融通等が可能となり、柔軟な自営線供給が可能となっています。

（※）「社会的経済的に見て不適切であり、供給区域内の電気の使用者の利益を著しく阻害しないこと」、「原需要場所と特例需要場所とで電気的接続を分断すること等により保安上支障がないこと」、「追加で発生する引込線やその他工事費用は原則全額特定負担とすること」等が条件とされています。

以上の形態と異なり、オフサイトPPAにおいては、電気のやり取りを行わずに環境価値の取引のみを行う、いわゆるバーチャルPPAの形態もあります。これは、小売供給契約の切り替えが必要とならない点がメリットとして挙げられます。バーチャルPPAにつ

いては、一般的には、再エネ投資コストに見合う固定価格を設定し、ＪＥＰＸのスポット市場価格との差額を環境価値の対価として設定する場合が多いところです。この点については、電力の実物の取引を伴わないことから、商品先物取引法上の「店頭商品デリバティブ」に該当し、主務大臣の許可が必要となるのではないか、といった懸念があったところです。もっとも、２０２２年11月に監督官庁である経済産業省商務・サービスグループ商品市場整備室より、次の見解が示されています。

一般論として、差金決済について、その契約上、少なくとも次の項目が確認でき、全体として再エネ証書等の売買と判断することが可能であれば、商品先物取引法の適用はない

・取引の対象となる環境価値が実態のあるものである（自称エコポイント等ではない）
・発電事業者から需要家への環境価値の権利移転が確認できる

実務上は、以上の見解を踏まえて契約書を作成することが重要となりますが、この整理はあくまでも商品先物取引法上の整理であり、会計上の整理（デリバティブ該当性）については別論点である点に留意が必要です。

（3）自己託送の厳格化

自己託送については前記のとおり、本来は自家発自家消費の一種に位置づけられているものですが、近時は、小売供給型と異なり、再エネ賦課金の負担が生じないこともあり、太陽光を中心に必ずしも本来の制度趣旨にはそぐわない自己託送が行われている実態があります。

２０２３年12月末に開催された電力・ガス基本政策小委員会においては、制度趣旨と異なる自己託送の例として、①他者が開発・設置した発電設備をリース契約等で借り受け、需要家が名義上の管理責任者となることで自己託送の要件を満たした上で、実際の発電設備の維持管理に係る業務を外部に委託する事例や、②自己託送により送電した電気を自ら消費せずに需要場所内で密接な関係性のない他者に供給（融通）している事例などが挙げられています。このため、自己託送に係る指針を改正し、２０２３年12月末までに接続検討の申し込みを行っていない電源に関する自己託送については、従来の要件に加えて、①発電設備を所有していること（譲渡は譲渡元が完全子会社のケースに限り認める）、および②1の需要場所内で他者に電気を供給（融通）する場合には、当該他者にも自己託送を実施する需要家との間に密接な関係性等の要件を求めることとされています。

今後

カーボンニュートラル社会に向け、ＦＩＴ／ＦＩＰ制度に依存しない脱炭素電源の導入を促す仕組みづくりは、今後より一層重要性を増すものと思われます。

もっとも、前記のとおり、自己託送は再エネ賦課金の負担が生じないといった点で、小売電気事業者から電気の供給を受ける需要家との間の公平性についても議論があるところです。また、組合型についても、自家発自家消費の一種という自己託送制度の趣旨を踏まえると、本来意図していた範囲を超えているようにも思われます。

今後は、小売電気事業者に説明義務等を求めている需要家保護の趣旨や再エネ賦課金の負担のあり方を含め、カーボンニュートラル社会の実現に向けたＦＩＴ／ＦＩＰ制度に依存しない脱炭素電源の導入を促す仕組みづくりがより一層求められるものと思われます。

5　成長志向型カーボンプライシング

ポイント
・成長志向型カーボンプライシングは、GX投資を促す仕組み
・化石燃料賦課金と排出量取引制度の組み合わせ
・2023年度から「GXリーグ」により自主的な排出量取引制度が開始

背景

世界規模でGXの実現に向けた投資競争が加速する中で、「2050年カーボンニュートラル」の達成と日本の産業競争力強化・経済成長を同時に実現するためには、政府は今後10年間で150兆円を超える投資が必要と想定しています。

GX推進法において、こうした巨額のGX投資を官民が協調して実現するための仕組みとして挙げられているのが、20兆円規模のGX経済移行債の発行による先行投資支援と、成長志向型カーボンプライシングの導入です。炭素排出に値付けをすることでGX関連製

品・事業の付加価値を向上させ、ＧＸに先行して取り組む事業者にインセンティブが付与される仕組みを創設することで、ＧＸ投資を促すとされています。

概要

成長志向型カーボンプライシングは、次の２つの組み合わせにより実現することとされています。

①炭素に対する賦課金（以下「化石燃料賦課金」）の導入
②排出量取引制度の導入

ただし、いずれも代替技術の有無や国際競争力への影響等を踏まえて実施しない場合、日本経済への悪影響や国外への生産移転（カーボンリーケージ）が生じるおそれがあります。そのため、直ちに導入するのではなく、ＧＸに集中的に取り組む期間を設け、エネルギーに係る負担の総額を中長期的に減少させていく中で導入することとされています。また、当初低い負担で導入し、徐々に引き上げる方針が示されており、このような方針をあらかじめ示すことでＧＸ投資の前倒しを促進することとされています。

以上の基本的な考え方の下で、化石燃料賦課金については、ＧＸに集中的に取り組む期間として5年間設けた上で、２０２８年度から導入することが示されています（ＧＸ推進法第11条）。化石燃料賦課金については、発電事業者やガス製造事業者、商社といった化石燃料の輸入事業者等が対象となることが予定されています。

また、排出量取引制度については２０２６年度から本格稼働する方針が示されています。この前段階で試行的に２０２３年度から実施されているのが「ＧＸリーグ」となります。ＧＸリーグは、企業の自主的な参加によって排出量取引を行うものであり、削減目標の設定および順守については企業の自主努力に委ねられています。現在、ＧＸリーグには日本の$ＣＯ_2$排出量の５割以上を構成する約７００社が参加しています。

２０２６年度の排出量取引制度の本格稼働以降は、さらなる参加率向上に向けた方策や、政府指針を踏まえた削減目標に対する民間第三者認証、目標達成に向けた規律強化（指導監督、順守義務等）などを検討することとされています。

そして、前記のとおり、エネルギーに係る負担の総額を中長期的に減少させていく中で導入する方針を踏まえて、再エネ賦課金総額がピークアウトしていくことが想定される２０３３年度に再エネ等の代替手段がある排出量の多い発電事業者を対象に、一部有償で$ＣＯ_2$の排出枠（量）を割り当て、その量に応じた特定事業者負担金を徴収することとされています。具体的な有償の排出枠の割り当てや単価は、有償オークションにより決定することとされています（ＧＸ推進法第15～17条）。

今後

ＧＸ推進法においては、化石燃料賦課金や排出量取引制度に関する詳細の制度設計については排出量取引制度の本格的な稼働のための具体的な方策を含めて検討し、施行後２年以内に必要な法制上の措置を行うこととされています（同法附則第11条）。

排出量取引制度については、エネルギー供給構造高度化法において小売電気事業者に課されている非化石電源比率の達成義務との関係の整理も必要となります。

成長志向型カーボンプライシングについては、まだ大きな骨格が見えてきたばかりですが、CO_2排出量の多い電気事業者にとって影響が大きな制度であり、ＧＸ推進法の基本的な方向性を見据えながらＧＸ投資を加速することが必要となります。

第6章　イノベーションの土壌

ＩｏＴ技術の進展により、デジタル化が急速に進んでいます。情報化社会の中、電力メーターによって収集される情報は、電力分野だけではなく様々な分野において活用の可能性があります。また、計量の方法もデジタル化社会や社会のニーズに合わせた合理的な方法が模索されており、従来は電力市場で活用ができなかった小規模リソースの活用も進められています。本章では、イノベーションの土壌となるこれらの取り組みについて解説していきます。

1　平時の電力データの活用

ポイント
- ・電力データの活用ニーズの高まり
- ・「認定電気使用者情報利用者等協会」をプラットフォームとして電力データの提供が行われる仕組みに
- ・一般社団法人電力データ管理協会が「認定電気使用者情報利用者等協会」に認定

背景

ＩｏＴやＡＩをはじめとした情報技術の進展により、スマートメーターから得られる電力使用量等の電力データは、２０２４年までに全戸・全事業所にまで広がることから、30分単位という随時性を有するビッグデータとして、電力分野をはじめ、他分野においてもその活用可能性が高まっています。また、２０２５年から順次、電力ＤＸ推進に向けたツールとして次世代スマートメーターへの置き換えが進められる予定です。

足元では、統計加工化された電力データの活用や、サンドボックス制度の活用（コラム参照）による実証事業も出現しており、今後、こうした活用が急速に進展すると考えられます。具体的には次のような様々な活用ニーズがあるとされています。

・地方公共団体等による防災計画の高度化などの社会的課題の解決

電力使用量に基づき時間帯別の人口動態を把握することによる、避難所の設置計画や避難用物資の配置計画などの高度な防災計画の立案・策定のほか、空き家対策や高齢者の見守りサービスの提供などへの活用

・銀行口座開設にあたっての不正防止等、事業者による社会的課題の解決や新たな価値の創造

電力契約情報に基づく金融業の銀行口座の開設にあたっての不正防止、電力使用量に基づく運輸業の配送効率の向上などへの活用

コラム　規制のサンドボックス制度を用いた電力データの活用

生産性向上特別措置法（平成30年法律第25号、その後の改正を含む）に基づき、新しい技術やビジネスモデルを用いた事業活動を促進するため、「新技術等実証制度」、いわゆる「規制のサンドボックス制度」が創設されました。この制度は、参加者や期間を限定すること等により、既存の規制の適用を受けることなく新しい技術等の実証を行うことができる環境を整えることで、迅速な実証を可能とするとともに、実証で得られた情報・資料を活用できるようにして規制改革を推進する制度です。

この規制のサンドボックス制度を利用して、２０１９年３月６日、関西電力とカウリスが電力設備情報を活用した不正口座開設防止サービスの実証を申請しました。実施期間は同年3月18日～6月30日で、関西電力の供給区域の一部地域を対象に、セブン銀行がインターネット上で受け付けた口座開設の申請について、カウリスが提供す

る既存の不正検知サービスにおいて関西電力が保有する電力設備情報の一部を活用し、顧客が提示する申請内容が適正であるかどうかを判定するもので、効果検証後には事業化されています。

　同実証においては、前記の情報の提供は、電気事業法に基づく情報の目的外利用の禁止（電気事業法第23条第1項第1号）および個人情報の第三者提供の禁止（個人情報保護法第23条）いずれにも違反しないという整理がされています。

概要

　電気の使用者情報をはじめとした電力データは、その人の生活スタイルを知ることができるものであり、重要な個人情報が含まれます。そのため、電力データの活用にあたっては消費者保護に万全を期す仕組みづくりが重要となり、情報管理の専門性を持つ中立的な組織が、一般送配電事業者等が保有する個々の需要家の電力データについての需要家個人の同意の取得または取り消しのためのプラットフォームを提供したり、苦情や相談を受け付ける体制等を整備したりすることが必要となります。

　エネルギー供給強靭化法において経済産業大臣は、一定の要件を具備した電気の使用者情報を使用する者と使用者情報を提供する一般送配電事業者等が中立的な組織として設立した一般社団法人を、電気の使用者情報を提供する業務等を行う主体として認定することができます。この認定を受けた一般社団法人は「認定電気使用者情報利用者等協会」（以下「認定協会」）として、一般送配電事業者等から電気の使用者情報の提供を受け、会員へ当該情報を提供する業務や個々の需要家から同意を取得する等の業務等を実施することとなります（図6―1）。

認定協会の設立についてはグリッドデータバンク・ラボ有限責任事業組合の電力データ活用検討委員会において検討が進められていましたが、エネルギー供給強靭化法の認定協会に関する規定が2022年4月に施行されたのを受けて、同年5月に一般社団法人電力データ管理協会が設立され、同協会が同年6月に認定協会として認定されました。設立時のデータ提供会員は、一般送配電事業者各社（計10社）、データ利用会員は7社でしたが、2024年1月時点では32社となっています。

また、認定協会においては、2023年10月から電力量計にて計量された前日までの30分ごとの使用実績・受電実績について、同意を得ている需要家個人のデータおよび統計データを有償で提供するサービス（以下「有償サービス」）を開始しています。

（※）グリッドデータバンク・ラボ有限責任事業組合は、社会貢献・社会問題解決・各業界の産業発展に向け、スマートメーターをはじめとした全国での電力設備データ活用を推進することを目的として2018年11月に東京電力パワーグリッドとNTTデータにより設立されたもので、旧一般電気事業者をはじめ、約150社・団体が会員となっていました。同組合は2022年7月1日に解散し、担ってきた業務は電力データ管理協会に引き継がれています。

なお、電気の使用者の情報については、電気事業法上、一般送配電事業者等が保有しているものですが、一般送配電事業者等による情報の目的外利用が禁止される託送供給等情報（※）に該当します（電気事業法第23条第1項第1号等）。もっとも、エネルギー供給強靭化法においては、一般送配電事業者等による認定協会に対する電気の使用者の情報提供は目的外利用の禁止の例外として位置づけられています（電気事業法第37条の3第1項）。

（※）「託送供給及び電力量調整供給の業務に関して知り得た他の電気供給事業者及び電気の使用者に関する情報」をいいます。

図６－１　平時の電力データ活用の全体像

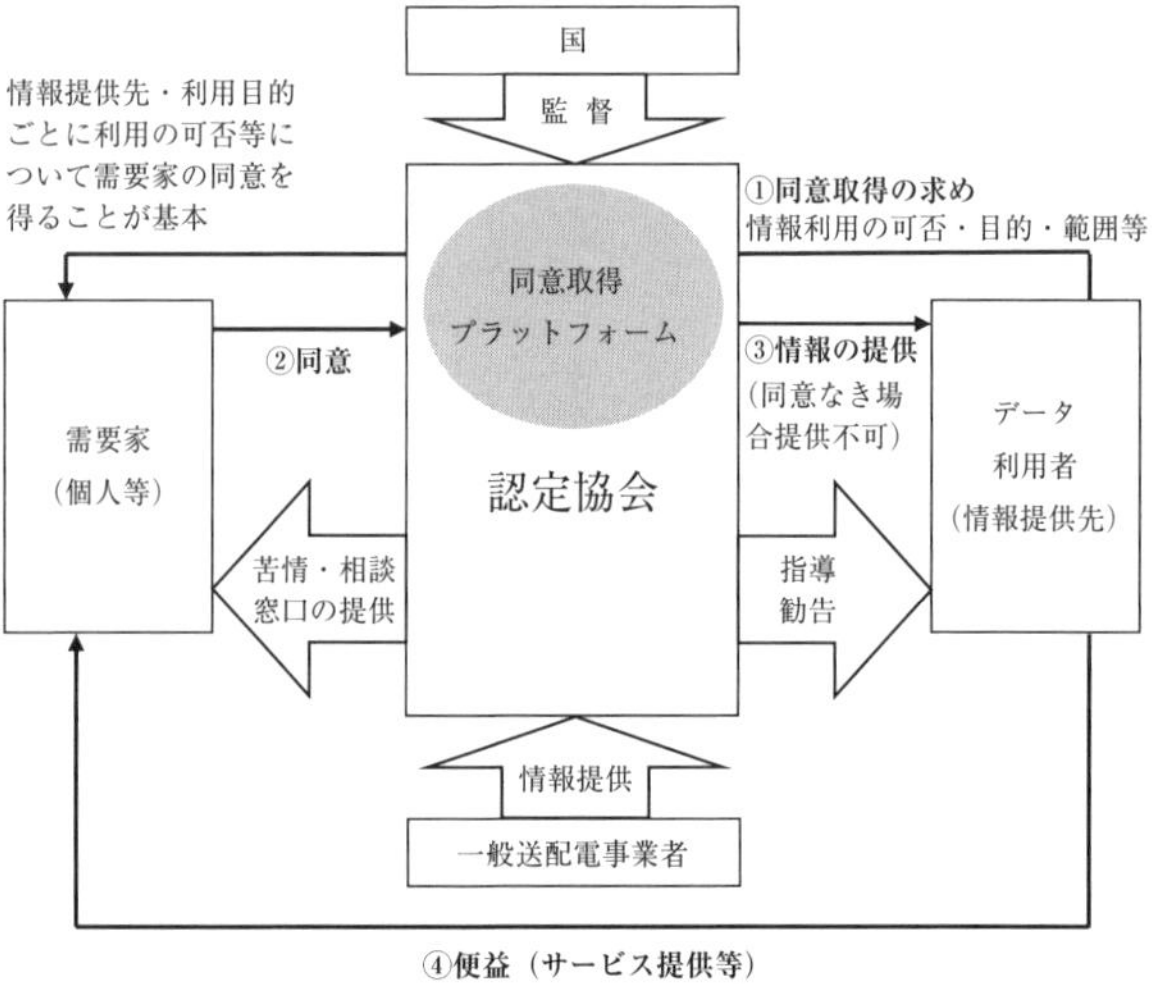

出典：資源エネルギー庁ホームページ

今後

認定協会が２０２３年10月に開始した有償サービスの対象となる最初のエリアは東京電力パワーグリッドエリアですが、２０２４年11～12月までに順次全エリアのデータの提供が行われることが予定されています。

また、効率的なデータ提供環境を整備する観点から、２０２３年９月28日から一般送配電事業者が保有する電力使用量等の電力データを集約する電力データ集約システムの運用が開始されました。このシステムを通じて、認定協会や災害時における自治体等（第７章１概要（４）参照）への電力データの提供が行われることになります（同システムにおけるデータ提供開始時期は、認定協会による有償サービスの提供開始時期と同様となります）。

今後は、認定協会を通じた電力データの活用が進むことが期待されます。

2　電気計量制度の合理化

ポイント
・電力量の計量は、検定済みの計量器であることが必要
・エネルギー供給強靭化法により正確性・需要家保護の要件を具備した場合、例外を認める「特定計量」制度が制度化

背景

計量法上、電力量を計量する場合は、同法に基づく型式承認または検定を受けた計量器（以下「特定計量器」）を使用することが求められています（計量法第16条第1項）。

もっとも、家庭等の太陽光発電や電気自動車（ＥＶ）などの分散リソースの普及に伴

い、リソースごとの出力に応じた取引やネガワット取引といった新たな取引ニーズが出現してきました。このような取引にあたっては、受電点で電力量を計算するだけではなく、供給力等を供出リソースごとに、リソースに付随する機器（パワーコンディショナー、EVの充放電設備等）を利用して計量するニーズが高まっているところです。

概要

再エネ等の分散リソース活用の促進の観点からは、計量法の例外を認めることが適切といえます。もっとも、計量法の規制は、適正な計量を確保することで需要家を保護することを目的としていることから、計量法の例外を認めるためには、適切な計量を確保するとともに、需要家を保護するための措置が講じられていることが前提となります。

このため、エネルギー供給強靭化法においては、主に家庭等の分散型リソースを活用した新たな取引等について、アグリゲーター等の事業者が適切な計量の実施を確保し、用いる計量器について需要家への説明を行うことを前提として、事前に取引の届け出を行い、その届け出を行った取引に限って計量法の規定の適用除外を設け、計量法に基づかない計量を認めることとされています（電気事業法第103条の2。以下、この計量法に基づかない計量を「特定計量」）。
特定計量の対象となるものは、次のいずれも満たす計量とされています。
①特定計量器を使用して行うものではない計量
②太陽光発電量やEVの充放電量などのリソース等の単位で計量する電力量が特定された計量。なお、リソース等には、太陽光発電設備やEV等のエネルギーリソースの他、エアコンや照明等の電力を消費する電気機器も対象に含まれる。
③特定されたリソース等の消費電力または出力電力が、原則500kW未満であることが見込まれる計量
また、特定計量が認められる要件としては、大きく分けて「特定計量に使用する計量器に係る要件」と「特定計量をする者（届け出者）に係る要件」の2つがあります。
・特定計量に使用する計量器に係る要件
具体的には、計測精度が確保されていること（公差）、計量値を確認できる構造等の一定の構造を具備していること（構造）、必要な能力・体制を有する者による適切な検査が実施されていること（検査主体・方法）、使用する計量器や取引の性質等に応じて、定期的な点検または取り換え等が実施されていること（使用期間）

が求められます。

・特定計量をする者（届け出者）に係る要件

具体的には、取引の相手方に書面等を交付し、説明を行うこと（説明責任）、取引の相手方からの苦情および問い合わせについては、適切かつ迅速に処理すること、その内容および改善措置について記録すること（苦情等処理体制）、取引に関する事項について、台帳を作成し、保管をすること（台帳の作成・保管）、その他、セキュリティ・改ざん対策の実施、計量データ等の保存等特定計量を適正に遂行するための措置が講じられていること（その他特定計量を適正に遂行するための措置）が求められます。詳細は「特定計量制度に係るガイドライン」（令和4年4月1日、経済産業省）をご参照ください。

今後

特定計量制度は、2022年4月に施行されており、これにより、分散リソースのより一層の活用が期待されます。

また、現状はリソースごとの調整力の提供は認められていませんが、需給調整市場においては、機器個別計測および低圧リソースの活用について2026年度の開始を目指して現在検討が進められており、小規模分散型リソースの活用がより一層進むことが期待されます。

3　DER活用に向けた取り組み

ポイント
・東日本大震災の電力需給逼迫が契機となり、需要側のコントロールの重要性が認識
・IoT技術の進展に伴い、DERの活用が容易に
・容量市場や需給調整市場における活用も

背景

これまでの電力システムは、基本的には需要を所与のものとして、需要に合わせて供給を行うという形態がとられてきました。しかし、東日本大震災やその後の電力需給の逼迫を契機に、従来の省エネの強化だけでなく、需要サイドを意識したエネルギーの管理を行

うことの重要性が強く認識されることになりました。また、東日本大震災後、太陽光発電や風力発電といった再生可能エネルギーの導入が大きく進んでいます。これらは天候など自然の状況に応じて発電量が左右されることから、実需給の直前までの間でその誤差に素早く対応できる手段が求められます。さらには、一つ一つは小規模なものである系統用蓄電池、太陽光発電設備や需要側エネルギー資源（蓄電池・需要制御の対象となる空調・生産設備や自家用発電設備等をいい、以下「ＤＳＲ」）等といった分散型のエネルギーリソース（Distributed Energy Resources、以下「ＤＥＲ」）についても、ＩｏＴを活用した高度なエネルギーマネジメント技術によりこれらを束ね、遠隔・統合制御することで、電力の需給バランス調整に活用することができるようになりました（※）。

（※）この仕組みは、あたかも一つの発電所のように機能することから、「仮想発電所：バーチャルパワープラント」（以下「ＶＰＰ」）と呼ばれています。ＶＰＰは、負荷平準化や再生可能エネルギーの供給過剰の吸収、電力不足時の供給などの機能として活躍することが期待されています。

概要

このような流れを受けて、エネルギー供給強靭化法により、ＤＥＲを束ねる役割を担うアグリゲーターが特定卸供給事業者として電気事業者に位置づけられることになりました（第1章5概要（２）参照）。

ＤＥＲにおける電力市場における最初の活用事例としては、２０１６年度から開始されたＤＲの調整力公募（電源Ｉ´）への参加が挙げられます。ＤＲとは、ＤＳＲの保有者または第三者が、そのエネルギーリソースをコントロールすることで電力需要パターンを変化させることをいい、需要制御のパターンによって、需要を減らす（抑制する）「下げＤＲ」、需要を増やす（創出する）「上げＤＲ」の２つに区分されます。電源Ｉ´は、猛暑や厳冬期に対応するためのものであり、工場などが稼働し需要が高い夏季（7～9月）と冬季（12～2月）の平日9時～20時に限られ、発動は１日１回、３時間前の指令、継続時間は3時間、年間の発動上限も12回と定められているものです。工場の生産ラインの一部の稼働を止めること等により生み出されるＤＲなどは、年間の実施回数にはおのずと限界がありますが、そのようなＤＲでも参加できる仕組みとなっています。

電源Ｉ´は、猛暑や厳冬期に対応するためのものですので、その性質は調整力というよりは供給力といえます。この点を踏まえて２０２４年度からは、容量市場の目標調達量に含めて調達されることとなり、ＤＲは発動指令電源として位置づけられることになりました。

また、需給調整市場では、多様なリソースを活用することを目的として５つの商品区分で⊿ｋＷを調達することとされています。現状、調整力の調達未達が発生している状況であり、多様なリソースの一つとしてＤＲは需給調整市場での活用も期待されています。

今後

需給調整市場においては、２０２６年度を目指して、低圧小規模リソースの活用に向けた検討が進められています。また、現在導入の検討が進められている同時市場においても、ＤＲのあり方についての議論が開始されています。ＩｏＴ技術のさらなる進展に伴い、電力市場におけるＤＥＲの活用がより一層進むことが期待されます。

第7章　レジリエンスは永遠の課題

電気事業者は常に自然災害と闘ってきました。21世紀以降に発生し、電力設備に被害をもたらした地震災害だけを見ても、新潟県中越地震（２００4年）、新潟県中越沖地震（２００7年）、東日本大震災（２０１1年）、熊本地震（２０１6年）、北海道胆振東部地震（２０１8年）等、絶え間なく発生しており、２０２4年の元日には能登半島地震が発生しました。災害は地震だけではありません。最近では、台風や水害が電力設備に甚大な被害を与えるケースも目立っています。２０１8年の台風21号、24号や、２０１9年の台風15号、19号は、電力設備のレジリエンス（強靱性）を一層向上させる必要性を再認識する契機となりました。本章では、激甚化・広域化する災害に対し、制度面でいかなる対応を講じてきたかを見ていきます。

1　災害の激甚化に対応する制度

ポイント
・エネルギー供給強靭化法により制度的に措置
・災害対応に終わりはなく、不断の見直しが必要

背景

２０１８年9月の北海道胆振東部地震を原因として、北海道全域にわたる大規模停電（ブラックアウト）が発生しました。また、２０１８年の台風21号、24号や２０１９年の15号、19号による大規模停電が発生するなど、近時は災害が激甚化し、それにより電力供給にも大きな被害がもたらされています。

これらの災害を通じて、情報発信のあり方、電力業界の広域連携のあり方などの課題が明らかになるとともに、電力政策における安定供給の重要性とレジリエンスの高い電力インフラシステムのあり方について検討することの必要性が改めて認識されることとなりま

した。

概要

(1) 経緯

北海道胆振東部地震を原因とした北海道全域にわたるブラックアウトを受けて、電力・ガス基本政策小委員会と電力安全小委員会の合同の「電力レジリエンスワーキンググループ」(レジリエンスWG)が設置され、その後、総合資源エネルギー調査会の下に「脱炭素社会に向けた電力レジリエンス小委員会」が設置されました。

これらの審議会での議論を経て、総合資源エネルギー調査会の「持続可能な電力システム構築小委員会」が開催され、同委員会での議論を踏まえて、エネルギー供給強靱化法では次のとおり、災害の激甚化に対応した制度が設けられています。

(2) 災害時連携計画

災害等による事故が発生した場合における電気の安定供給を円滑に確保することを目的として、一般送配電事業者が関係機関との連携に関する災害時連携計画を作成し、広域機関を経由して経済産業大臣に届け出ることが義務づけられました（電気事業法第33条の2）。

災害時連携計画において定めることが求められているのは、次の項目となります。

①一般送配電事業者相互の連絡に関する事項
②一般送配電事業者による従業員および電源車の派遣および運用に関する事項
③迅速な復旧に資する電気工作物の仕様の共通化に関する事項
④復旧方法等の共通化に関する事項
⑤災害時における設備の被害状況その他の復旧に必要な情報の共有方法に関する事項
⑥電源車の燃料の確保に関する事項
⑦電気の需給および電力系統の運用に関する事項
⑧電気事業者、地方公共団体その他の関係機関との連携に関する事項
⑨共同訓練に関する事項

従来、旧一般電気事業者間の連携については、エリアごと（東地域、中地域、西地域）に幹事会社を置き、連携するスキームが構築されていましたが、北海道胆振東部地震の教訓等を踏まえ、さらなる迅速化を図るため一般送配電事業者各社が自発的に応援派遣する

ことが求められています。⑨に関しては、これまで、一般送配電事業者各社において広域的な災害訓練は実施されていませんでしたが、災害時連携計画に基づき、各一般送配電事業者共同での訓練も実施されるようになっており、災害発生時における一般送配電事業者間の応援の円滑化に資する取り組みと評価できます。

(3) 相互扶助制度の創設(一般送配電事業者等)

かつては、例えば台風による電力供給の影響は沖縄や九州地域を中心として生じるなど発生する災害は一部の地域の問題として捉えられ、災害復旧費用については、全額各一般送配電事業者のエリアの一般負担(=託送料金)として整理されていたところです。もっとも、昨今は災害が激甚化・広域化していることから、停電復旧に係る応援の規模・期間が大規模・長期化することに伴うコスト増加に対応するため、災害を全国大の課題として捉えた費用負担制度が創設されました。これを相互扶助制度(図7―1参照)といいます。

具体的には、平時より各一般送配電事業者が広域機関に対して積み立てを実施し、災害が生じた場合、一定の基準を満たした災害の対応に要した費用のうち、次の費用を広域機

図7－1　災害復旧費用の相互扶助のイメージ

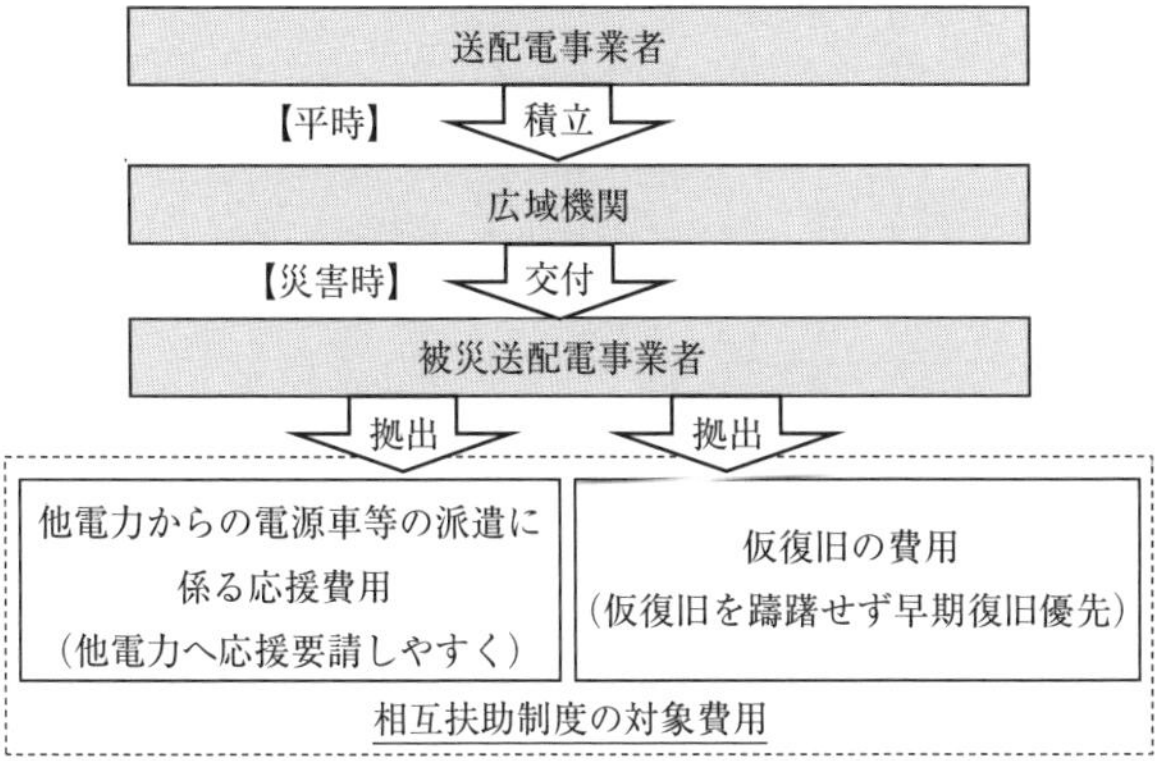

出典：経済産業省ニュースリリース

関から被災した一般送配電事業者に対して支払うこととされています（電気事業法第28条の40第2項第1号）。なお、モラルハザード防止の観点からは、対象金額の1割を自己負担とすることとされています。

①他電力等からの応援費用

②仮復旧費用（電源車等関連費用、資機材費用のうち、本復旧費用と明確に区別可能なものおよびそれ以外の仮復旧費用のうち、労務費等の仮復旧と本復旧と明確に区別できないものは、最大停電軒数のピークが生じた日から99%停電が復旧した日までに生じた額が対象。供給信頼度を保つための仮復旧も対象）

また、相互扶助に係る費用が支払われる一定の基準については、発災前、発災直後または事後それぞれにおいて基準を設けており、それらのいずれかの要件を満たす場合は相互扶助制度の対象となります。例えば、発災前の基準を満たしていれば、結果的に被害が小さい場合でも相互扶助制度の対象となりますので、この制度も一般送配電事業者が自発的に応援派遣することを促す一つの仕組みといえます。

(4) 災害時のデータ活用(情報の目的外利用の例外)

2019年台風15号の発災当初の段階で、東京電力から、当該情報の提供は個人情報保護法に抵触する可能性があるとの懸念が示されました。この際には、経済産業省から個人情報保護委員会に照会を行い、今回の災害対応における当該データの提供は法令違反に当たらないと整理がされました。もっとも、緊急性が求められる災害対応の都度、データ提供の可否の判断が発生することは、復旧作業の迅速化にとって課題にもなりうるところです。

個人情報保護法上は、「法令に基づく場合」は本人の同意を得ずとも第三者へ提供することができるとされています。災害復旧や事前の備えに電力データを活用することを目的として、「電気の安定供給の確保に支障が生ずることにより、国民の生命、身体又は財産に重大な被害が生じ、又は生ずるおそれがある緊急の事態への対処又は当該事態の発生の防止のため必要があると認める場合」に、経済産業大臣から一般送配電事業者または配電事業者に対して、自治体や自衛隊等の関係行政機関に個人情報を含む電力データの提供を求める制度を整備しました（電気事業法第34条第１項、第２項）。当該法令上の規定を設けることにより、災害時の円滑なデータ提供が期待されます。

また、この電力データについては、情報の目的外利用が禁止される託送供給等情報（※）に該当する場合が多いところですので、電気事業法上、目的外利用の禁止の例外を設けています（電気事業法第34条第３項）。本来は、想定されている情報の提供も託送供給等業務の一環であるという整理も可能なところですが、迅速な復旧作業を促す観点から明示的に情報の目的外利用の禁止の例外規定が設けられたものです。

（※）「託送供給及び電力量調整供給の業務に関して知り得た他の電気供給事業者及び電気の使用者に関する情報」をいいます。

具体的な情報提供の求めに関する考え方としては、法改正後速やかに一般送配電事業者に対して行う「包括要請」と災害等の発生状況に応じて行う「個別要請」があります。前者は、災害発生時は①配電線地図②通電情報③復旧工事計画、災害発生前は配電線地図を対象として、関係行政機関等の長の一般送配電事業者または配電事業者に対する要請に応じて一般送配電事業者または配電事業者が提供することが求められます。後者は、関係行政機関等の長が経済産業大臣へ要請を行い、必要な場合は経済産業大臣が一般送配電事業者または配電事業者に情報提供の要請をすることが想定されています。詳細は、電気事業法第34条第1項の規定に基づく必要な情報の提供の求めに関する考え方（資源エネルギー庁電力・ガス事業部　２０２０年６月、２０２２年４月・２０２３年９月一部改正）をご参照ください。

今後

災害時における電力の安定供給・早期復旧を確保する仕組みについては、倒木等の伐採に関する電気事業法に基づく規定の解釈の明確化や自治体や自衛隊との災害時の連携強化に資する国からの制度周知等、レジリエンスＷＧ等において様々な議論が進められました。また、倒木等の伐採の際の一般送配電事業者と自治体との費用負担のあり方など必ずしも明確に整理しきれない問題もあります。

災害の激甚化・広域化については今後も見込まれますし、災害は常に想定外の事態が発生するものであることから、電力の安定供給・早期復旧を確保する仕組みづくりについては、法律レベルにとどまらず、不断の検討・見直しが必要になるものと思われます。

2　災害発生時における各電気事業者等の役割・連携のあり方

ポイント
・災害対応は、全ての電気事業者等に求められるもの
・事業者間相互の連携・協力が重要
・競争がより活性化する中では、旧一般電気事業者を中心とする災害対応体制の見直しも

背景

電力システム改革が進展し、発電・小売り分野で多様な主体が参加しつつある中、災害の激甚化を踏まえ、電力インフラのレジリエンスを強化する観点からは、多様な事業者に

よる災害時の役割分担・連携のあり方が重要となります。

概要

(1) 電気事業者相互の協調

電気事業法においては、電気事業者等(※)について、「広域的運営による電気の安定供給の確保その他の電気事業の総合的かつ合理的な発達に資するように、相互に協調」する義務が課されており(電気事業法第28条)、それに基づき、非常災害時の停電対応において、電気の安定供給を担うすべての電気事業者等が協調して復旧活動等に従事することが求められるところです。

(※) エネルギー供給強靭化法により、電気事業者に加え、自家用電気工作物設置者も対象になりました。災害時においては自家発の活用も重要となることを踏まえたものです。

(2) 一般送配電事業者とグループの発電・小売電気事業者等との円滑な連携

電気事業法においては、法的分離後も災害時の対応を円滑に実施するため、一般送配電事業者のグループの発電・小売電気・特定卸供給事業者およびその親会社(以下「特定関係事業者」）またはその子会社（一般送配電事業者の子会社を除く）に対する業務委託のうち、「災害その他非常の場合においてやむを得ない一時的な委託」については認められることが示されています（電気事業法第23条第３項、同施行規則第33条の９第１号）。

この「やむを得ない一時的な委託」については、適取ＧＬにおいて次のような場合が該当することが明確にされています。併せて、災害等緊急時において一般送配電事業者のグループ内の一体的体制を機能させるため、平時において、一般送配電事業者がその特定関係事業者または当該特定関係事業者の子会社等と災害等緊急時に係る訓練や情報共有等を実施することは妨げられないことも明確にされています（適取ＧＬ第二部Ⅳ２(2)－１⑧60、61頁）。

①電気の供給支障に至っていないものの供給設備や発電設備等の障害により供給支障に至るおそれがあるときまたは台風の上陸前など供給支障が生ずることが予測できるときなどにおいて、災害等緊急時の備えとして、その特定関係事業者または当該特定関係事業者の子会社等に災害対応準備業務を委託する場合

②停電受付等のコールセンター業務、リエゾン派遣または物資支援活動など、災害等緊急時の一般送配電事業者による復旧業務をその特定関係事業者または当該特定関係事

業者の子会社等に委託する場合

③災害等緊急時に、一般送配電事業者による復旧業務における意思決定または指揮監督を、当該一般送配電事業者を支援するその特定関係事業者である親会社等の長等へ委託する場合

なお、③は、災害等緊急時において、災害等の規模が大きい場合、一般送配電事業者と特定関係事業者が一体となって災害対策本部を組織し、特定関係事業者である親会社が意思決定や指揮監督を実施することを念頭に置いたものと思われます。もっとも、この場合でも、必ずしも当該親会社等へ意思決定を委託することが求められるものではなく、一体として災害対策本部を組織しつつも親会社の意思決定を踏まえて、一般送配電事業者として意思決定をすることが妨げられるものではないと思われます。

以上のような法令上の手当てや適取GLにおける解釈の明確化等により、災害時における円滑な連携が確保されることが期待されます。配電事業者も同様の手当てがされています。

なお、2022年の年末以降に発生した非公開情報の漏えい問題において、一般送配電事業者が特定関係事業者に対して災害対応のために提供することを予定していた情報がスイッチングの円滑化等、小売電気事業のために活用される事態が発生しました（詳細は第

1章4参照)。それを受けて、災害時等緊急時の業務委託時においては、原則として提供可能な情報の具体的な範囲および当該情報の提供可能な時期（災害対応発生時においてのみ権限を付与し、共有情報にアクセス可）を明確化し、提供情報以外の情報に対するマスキング措置や災害対応終了後の不適切な情報閲覧・利用を防止するための措置（アクセス権限の廃止等）を実施すべき旨の適取GLの改正が予定されています。

(3) 一般送配電事業者と自家発事業者との連携

北海道胆振東部地震においては、法的強制力のない政府からの要請に基づき自家発電の焚き増し等を実施し、供給力の回復に一定の貢献がなされたところです。

一方で、緊急時の焚き増し等の費用精算については、一般送配電事業者と自家発事業者が協議の上で事後精算する形が取られました。そのため、今後、その費用の合理性を担保し、自家発事業者との手続きを迅速化するため、インバランス料金との整合性を図りながら、合理的な精算が行われる仕組みを検討することが必要となっています。

この問題は、北海道胆振東部地震の際のレジリエンスWGにおいて取り上げられており、筆者も同WGにおいて、自家発事業者とあらかじめ契約をすることや精算に関する基本的な考え方を国として示すことなどが重要である旨の発言をしていました。もっとも、同様の問題は2020年度冬の需給逼迫時においても発生しており、未だ一般送配電事業者において必要な対応がなされているとはいい難いところです。

今後は透明性・迅速性確保の観点から、一般送配電事業者において、緊急時における自家発電設備の稼働要請について事前に契約をしておく、または約款等の規程類を整備するなど、その運用・精算に関するルールを整備することが必要であり、必要に応じて国においても精算に関する基本的な考え方を示すことが重要と思われます。

(4) 再エネ事業者におけるグリッドコード等の順守

再エネ（太陽光、風力等）については、広域機関において、大規模電源脱落等による周波数低下時の一斉解列を避けるため、周波数変動に伴う解列の整定値等の見直しが行われました。これを受けて「電力品質確保に係る系統連系技術要件ガイドライン」が2019年10月に改正され、「系統連系技術要件（託送供給等約款別冊）」の変更を認可し、2020年4月に適用が開始されています。併せて、2019年4月に広域機関において整理された整定値見直しの方向性を踏まえ、一般送配電事業者による既連系発電設備（太陽光、風力等）に対する働きかけが行われているところです。

また、広域機関において今後の再エネ主力電源化に向けてグリッドコードの整備に関する具体的な検討も進められているところですが、このような取り組みもレジリエンス強化の観点からは重要といえます。

再エネ事業者においては、これらのグリッドコード等を順守することが求められます。

(5) 小売電気事業者の役割について

小売電気事業者については、小売営業ＧＬ上、送電線の切断など送配電設備の要因で停電していることが明らかな場合には、一般送配電事業者がホームページ等を通じて提供する情報を用いて需要家からの問い合わせに対応すること、一般送配電事業者は小売電気事業者に対して停電情報をホームページ等を通じて適時に提供することが望ましいとされています（小売営業ＧＬ４⑵イｉ）51頁）。小売電気事業者が需要家の相談に一切応じなかったり、一般送配電事業者の連絡先を需要家に伝えたりしないこと等は、小売電気事業者が電気事業法上負う苦情等の処理義務に違反する可能性があるとして、業務改善勧告等の対象となる問題行為とされています（小売営業ＧＬ４⑵ア51頁）。また、原因が不明な停電への対応については、小売電気事業者は停電の状況に応じて需要家に対して適切な助言を行うとともに（ブレーカーの操作方法の案内等）、それでも解決しない場合には原因を特定するために一般送配電事業者や電気工事店などの適切な連絡先を紹介することが望ましいとされています（小売営業ＧＬ４⑵イⅱ）52頁）。

このように、小売電気事業者は需要家から問い合わせがあった場合、自らが旧一般電気事業者か新電力かに関わらず、適切な対応を実施することが求められるところです。

もっとも、一連の災害時においては、停電原因や復旧見込みといった需要家が必要とする情報について、その発信元である一般送配電事業者がアクセス過多によるサーバーダウン等により、適切に小売電気事業者に情報の提供を行うことが困難な状況となり、一般送配電事業者から需要家や小売電気事業者に対し、必要とする情報をこれらの者にプッシュ型で発信することの重要性が認識されることとなりました。サーバーダウンへの対策については既に実施されていますが、これを受けて、スマートフォンアプリ等を用いたプッシュ型の情報発信が開始されています。すなわち、需要家や小売電気事業者がアプリをスマートフォンに登録することにより、一般送配電事業者から停電が発生・復旧した場合に自動的にお知らせ（プッシュ通知）の受信が行われ、停電の発生状況をマップ上に表示することで、視覚的にも確認が可能となりました。

併せて、小売営業ＧＬにおいては昨今の災害の激甚化を踏まえて、災害対応は一般送配電事業者およびその特定関係事業者のみならず、エリアの電力供給を担うすべての電気事業者が協調して実施することが必要である旨が明確化されています。そして、こうした災害時連携の観点から、例えば、一般送配電事業者から停電復旧が長期化するエリアの地方自治体からの要望に基づく要請を受けた場合に、ポータブル発電機、電動車等を保有する小売電気事業者は、余力の範囲内で当該地方自治体へ貸し出し等を行うことが望ましい行為とされているところです（小売営業ＧＬ６　60頁）。

今後

災害時の対応は、災害が発生した区域の一般送配電事業者とその特定関係事業者等が中心となって行っています。この状況は当面は続くものと思われますが、今後自由化がより一層進展していく中においては、特定関係事業者だけではなく、新電力である小売電気事業者等に対する災害対応業務の委託を含めた災害時の体制づくりも求められるところです。

あとがき

「電気事業のいま Overview 2021」を発刊したのは、２０２1年6月でした。当時、電気事業制度が複雑でわからない、自分の担当内容はわかるが全体像が見えないなどの声を多く聞いており、そのような方々にとって理解の一助になればと思い、筆をとりました。

それから2年半、社会的・政治的な変化を背景に、電気事業制度にも、様々な改良が加えられています。電力システム改革の検証も開始されました。

当たり前のことですが、電気事業制度は、それぞれの制度が有機的に機能して初めて一つのシステムとして機能します。そのため、個々の制度を議論するためにも、電気事業制度の全体像を理解していることは、極めて重要です。電気事業に携わるすべての方にとって、全体像や制度の基本的な考え方を理解する一助になれば、幸いです。

最後になりますが、当初のスケジュールから約半年遅れたにもかかわらず、電気新聞企画・事業本部メディア事業局課長の塚原晶大さんには辛抱強く待っていただき、かつ、（野球部的な？）多くの励ましをいただき、「気合い」によりなんとか書き上げることができました。塚原さんがいなければ、恐らくもう1年ぐらい発刊が遅れていたと思います。

心より感謝申し上げます。

　また、本書はほぼ年末年始のタイミングで書き上げましたが、いつも仕事で平日・休日問わず迷惑をかけているにもかかわらず、全面的に協力してくれた妻、そして、いつも「お仕事頑張って！」と応援してくれる3人の可愛い子供に心より感謝します。本当にありがとう。

【著者紹介】
市村 拓斗（いちむら・たくと）
森・濱田松本法律事務所 パートナー弁護士

2008年早稲田大学法科大学院修了、2009年弁護士登録、森・濱田松本法律事務所入所。経済産業省・資源エネルギー庁へ３度の出向経験を有し、電力・ガス事業、再生可能エネルギー事業に関する豊富な知見を基に、上流から下流に至るまでエネルギー分野全般に関する業務を幅広く取り扱っている。資源エネルギー庁電力・ガス事業部の制度企画調整官として「長期脱炭素電源オークション」や「同時市場」の議論を主導。主な著書に『知らなかったでは済まされない！電力・ガス小売りビジネス116のポイント』（エネルギーフォーラム）、『電気事業のいま Overview 2021』（日本電気協会新聞部）。

徹底解説 GX時代の電力政策～続・電気事業のいま～

2024年 3 月 1 日　初版第 1 刷発行

著　者　市村《いちむら》　拓斗《たくと》
発行者　間庭　正弘
発　行　一般社団法人日本電気協会新聞部
〒100-0006　東京都千代田区有楽町 1-7-1
TEL　03-3211-1555　FAX　03-3212-6155
https://www.denkishimbun.com
印刷所　株式会社太平印刷社

ISBN978-4-910909-12-7　C3234